咖啡吧特調技術教本

New generation

冰咖啡、熱咖啡、含酒精咖啡，
日本知名咖啡吧師傅們，首次傳授新品特調咖啡

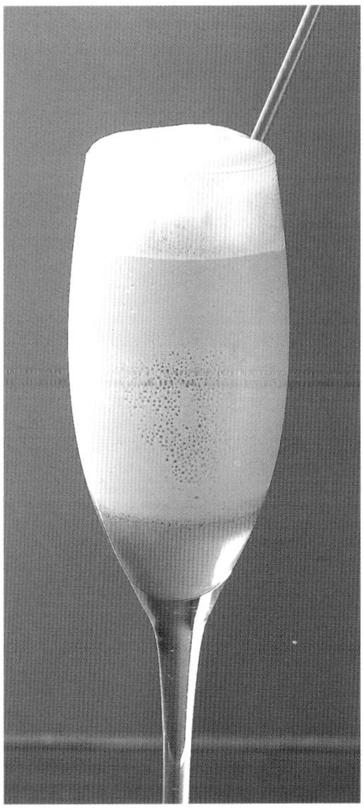

瑞昇文化

NEW STYLE花式咖啡 調配方法

Ice arranged

CONTENTS

Hot arranged

Alcohol arranged

CONTENTS

益形重要的綜合咖啡策略

人氣咖啡吧的「綜合咖啡」戰略 81

獻給以後想成為咖啡吧台師傅的人，實力店鋪的建議

通往「頂尖咖啡吧台師傅」的方針 97

向高人氣的咖啡教室·咖啡學院學習

咖啡萃取的基本技術 106

調配方法

NEW STYLE

花式咖啡

對於新的顧客，特別是女性顧客來說，他們最關注的就是「嚐得到本店品味」的嶄新花式咖啡。因此，本書以超人氣咖啡吧的年輕咖啡吧台師傅為中心，提出新型態的花式咖啡。同時以這些調配方法為基礎，介紹更進一步的應用方式。

akemi

AUX BACCHANALES GINZA

咖啡吧台師傅 西谷恭兵

每次當我製作花式咖啡的時候，最重視的問題就是「這是為了誰，為了什麼目的而製作的呢？」。這杯咖啡以我母親的名字「akemi」命名，充滿了對母親的感謝之意。從這一杯冷飲中，可以感到母親的溫暖。我想像母親的故鄉——北海道，用細砂糖和開心果表現春天融雪時露出的新雪，並且用藍莓果醬表現薰衣草花田。

材 料

akemi [2人份]

香草糖漿	適量	
細砂糖（製作甜點用的細顆粒）	適量	
切碎的開心果	適量	ARRANGED 也可以改用杏仁或榛果
藍莓果醬	適量	ARRANGED 也可以改用覆盆莓或杏桃
開心果泥	15g	
鮮奶油（38%）	20g	
法式卡士達醬（牛奶300cc、細砂糖75g、蛋黃4顆、香草豆莢1/2根）	45ml	
焦糖醬	1/2小匙	
義式濃縮咖啡	50ml	
冰塊	適量	

結合法式卡士達醬與開心果這些風味迷人的素材，調配出濃郁的口感。採用自製的法式卡士達醬，製作完成後放置一個晚上，隔天所有的味道將會融合為一，即使用來搭配咖啡，它的風味與甜度也毫不遜色。開心果可以改用杏仁或榛果等堅果類，藍莓則可以用莓果系的覆盆莓或杏桃代替。

1 在杯緣沾上香草糖漿，再沾取切碎的開心果與細砂糖，在杯子裡面塗抹藍莓果醬。

2 用鮮奶油稀釋開心果泥，調成滑順的狀態。

3 在調酒杯中放入2的開心果泥、法式卡士達醬、焦糖醬，輕輕混合。

4 萃取50ml義式濃縮咖啡，倒入3的調酒杯中，放進冰塊，充份搖盪，使全體混合均勻。

5 靜靜地倒入1裝飾的玻璃杯中。

ESPRESSOSHAKE CON GELATO

Dolce far niente

咖啡吧台師傅 緒方雄正

這是一杯喝到最後口味都不會變淡，考慮到飲用時的美味而開發的冰凍咖啡。為了使飲用者長時間感受到咖啡的風味，使用雙倍義式濃縮咖啡，並且加入濃厚的鮮奶油，以平衡口感。最後加上手工製作的牛奶口味義式冰淇淋，甜味和口味都相當濃郁，容易在嘴裡化開。與香草糖漿和鮮奶油形成相乘效果，調配出濃厚、香醇的風味。

材 料

ESPRESSOSHAKE CON GELATO [1人份]

材料	份量	ARRANGED
義式濃縮咖啡	50~60ml	
牛奶	30ml	
鮮奶油（45%）	30ml	
香草糖漿	20ml	也可以用義大利香草酒（Galliano）、榛果奶油酒（Frangelico）、核桃酒（Nocello）任一種取代
冰塊	4~5個	
香草義式冰淇淋	45g	

為了喝到最後依然保持原有的美味，混合時請在還殘留少許冰塊的狀態下停止。香草糖漿可以改用和咖啡相當對味的榛果利口酒「Frangelico」、核桃利口酒「Nocello」或是香草系利口酒「Galliano」，即是含有酒精的配方。當然也可以改用這些口味的糖漿。

1

考慮到味道變稀薄的問題，萃取2杯份的義式濃縮咖啡。

2

依序將1的義式濃縮咖啡、濃厚鮮奶油、牛奶、香草糖漿加入果汁機裡，最後加入冰塊。

3

啟動果汁機攪拌。為了避免喝到最後變得小水的，請在還殘留少許冰塊的狀態下停止。

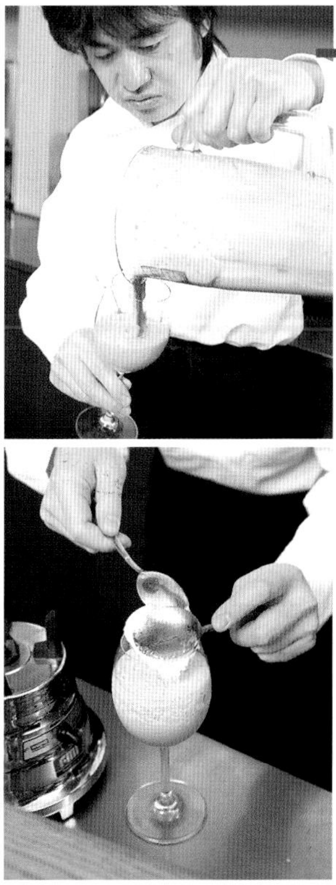

4

倒進玻璃杯，以湯匙靜靜地將香草義式冰淇淋放在上面。供應時插入吸管。

Bacia mano

Lo SPAZIO

店長 手島義明

它的名字意義是「親吻你的手」，命名的想法源於輕柔地以嘴唇接觸玻璃杯的動作。慢慢地享用甜度與香氣，構想來自「用喝的甜點」，是一款適合女性的花式咖啡。重視飲用的感覺，因此將鮮奶油打到八分發，放在杯子上。再加上焦糖榛果，吃起來的口感也是另一種樂趣。

材 料

Bacia mano

義式濃縮咖啡	23~25ml
細砂糖	10g
榛果口味的義式冰淇淋	35g
牛奶	20ml
鮮奶油	30ml
巧克力糖漿	適量
焦糖榛果	適量

ARRANGED　也可以改成咖啡口味的義式冰淇淋、碎巧克力的義式冰淇淋

為了呈現「用喝的甜點」，以義式冰淇淋做為搭配的乳製品。尤其是這裡為了利用有別於咖啡的風味，以呈現深奧的香氣與口味，所以採用與咖啡相當對味的榛果義式冰淇淋。如果想要強調咖啡的特徵，可以使用咖啡口味的義式冰淇淋，想強調甜美與香氣的話，也可以用碎巧克力的義式冰淇淋來代替。

1
用巧克力糖漿在玻璃杯的側面描繪圖案。巧克力糖漿的作用不僅是裝飾，飲用時它會逐漸溶化，隨著時間經過改變風味。

2
萃取23～25ml義式濃縮咖啡，倒入調酒杯裡。

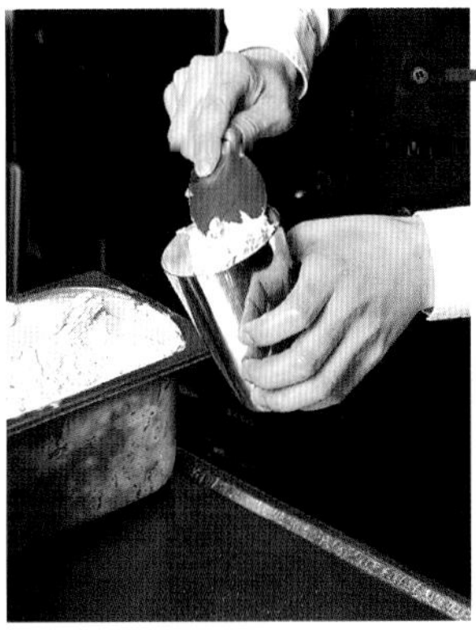

3
加入細砂糖溶化，再加入榛果口味的義式冰淇淋。

4
再加入牛奶，放入2個冰塊。

5
混合材料，搖盪到義式冰淇淋呈滑順的狀態。

6
為了防止冰塊跳出來，裝上濾冰器，靜靜地倒入1的玻璃杯裡。

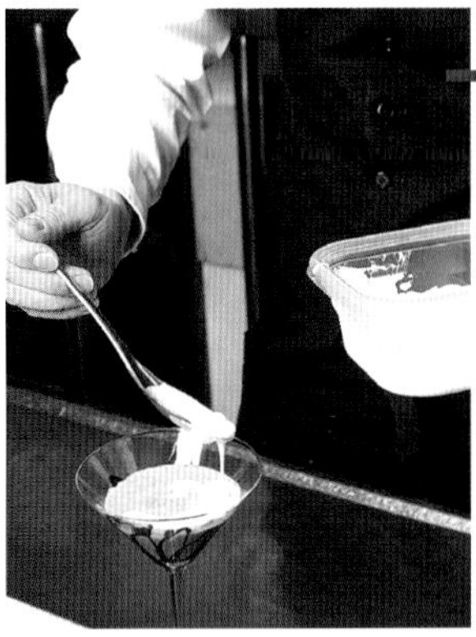

7
事先將鮮奶油打至八分發，靜靜地倒在6的玻璃杯上。

8
淋上巧克力糖漿，用牙籤畫出愛心型的圖案。

9
以砂糖包裹榛果，並且以大火烤成焦糖狀，磨碎後放在上面。

embrasser encore

AUX BACCHANALES
GINZA

咖啡吧台師傅 **西谷恭兵**

使用沾染肉桂與咖啡香氣的牛奶，是一道含有豐富肉桂風味的配方。肉桂的香氣十足，會留下恰到好處的餘味。將鮮奶油與焦糖醬汁放入調酒杯中，搖晃時完全不加冰塊，使鮮奶油的脂肪成分與空氣結合，孕育出極致的細膩口感。雖然口感輕盈，但焦糖醬汁讓風味更具深度。

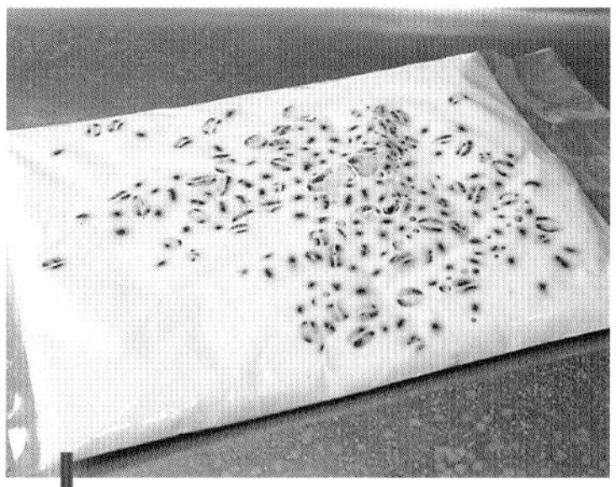

1 將切碎的肉桂棒、咖啡放到牛奶中，放在真空包裡靜置一個晚上。

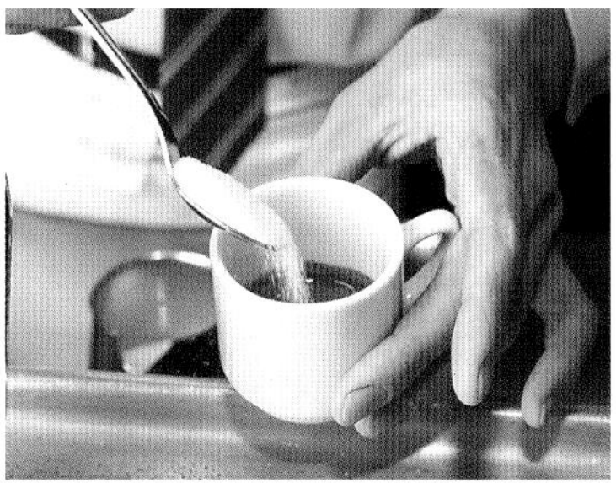

2 萃取義式濃縮咖啡，考慮顧客偏好的口味，加入適量細砂糖，倒在玻璃杯中。

3 用網子過濾浸漬過的牛奶，倒入拉花杯裡。

4 用蒸氣仔細地打奶泡，打出均勻的奶泡後倒入杯中。當義式濃縮咖啡與牛奶的溫差較小時，將會產生整體感。

5 將鮮奶油與焦糖醬汁倒入調酒杯中。製作焦糖醬汁時，以想要調配的飲料為基礎，調整苦味及濃度。

6 搖勻時不加入冰塊，使鮮奶油含有空氣。靜靜地注入杯中，最後擺上浸漬過的肉桂棒與咖啡豆。

材料

embrasser encore [1人份]

調味後的牛奶（牛奶500ml、切碎的肉桂棒2根、咖啡豆適量）	150ml	
義式濃縮咖啡	25ml	
細砂糖	適量	
鮮奶油（38%）	45ml	
焦糖醬汁	1小匙	
肉桂棒	適量	ARRANGED 也可以改用紅茶茶葉（阿薩姆）
咖啡豆	適量	

由於焦糖醬汁是一種個性和風格比較強烈的素材，因此用於花式咖啡時，必需先做好試作失敗的心理準備。已經浸漬過肉桂的牛奶比較不容易含有空氣，所以打奶泡時要仔細進行。為了避免牛奶的溫度造成肉桂的香氣逸散，溫熱時請以50℃左右為標準。除了肉桂之外，也可以使用紅茶的茶葉，享受不同的趣味。

冰咖啡那鐵

杉山台工房

老闆 北川整

將剛萃取的義式濃縮咖啡，注入冰涼的牛奶中，在玻璃杯裡形成白與黑的鮮明層次，並且誘出咖啡的香氣。飲料裡不加糖漿，而是另外附上。自製糖漿以三溫糖（譯注：三溫糖在製過程中加熱次數較多，甜味比較濃烈，顏色偏黃）製成，略呈琥珀色。加到咖啡裡，三溫糖特殊的香醇在嘴裡散開，香氣也很迷人。

材料

冰咖啡那鐵 [1人份]

義式濃縮咖啡	30ml
牛奶	120ml
糖漿	適量

義式濃縮咖啡的咖啡豆乃是以巴西聖多斯NO.2、曼特寧G1、摩卡瑪妲莉NO.9、肯亞AA等4種混合而成。先將牛奶倒入玻璃杯中，移到顧客看得到的位置，再注入義式濃縮咖啡，在享受咖啡香氣之餘，也是一種視覺上的享受。添加糖漿的牛奶比較容易與咖啡形成層次，但是老闆刻意不在牛奶裡加糖漿，而是另外附上，隨顧客的喜好添加。

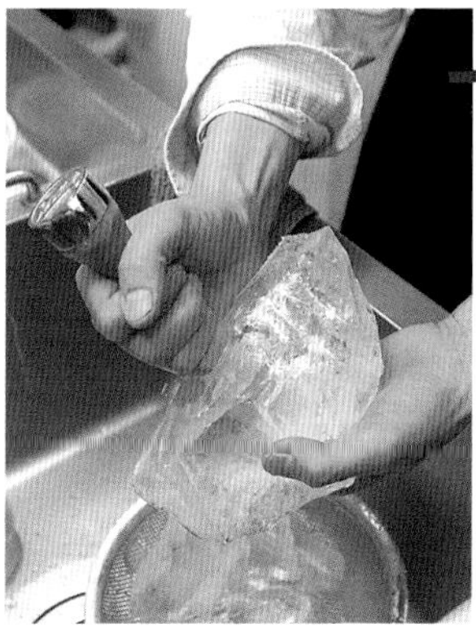

1

用冰錐切下大塊的冰塊，放在玻璃杯裡。

2

萃取30ml義式濃縮咖啡。為了方便稍後注入杯子裡的作業，萃取時不用杯子，而是使用有注嘴的容器。

3

在杯子裡倒入120ml牛奶。牛奶用的是高梨乳業乳脂肪含量38%的產品。

4

從中心注入剛萃取的義式濃縮咖啡。

cappuccino freddo decorazione

espressamente illy

八重洲櫻花通店

咖啡吧台師傅 **齋藤利德**

雪花杯的裝飾靈感來自Salty Dog這款調酒，是一款冰（冰凍）卡布奇諾。簡單又美麗的配色，外觀也給人一種洗鍊的印象。飲用奶香四溢的義式濃縮咖啡時，碎巧克力與奶泡將會在口中形成刺激，一點也不覺得膩。使用可可含量64%的黑巧克力，每當碎片在嘴裡溶化時，些微的苦味將與義式濃縮咖啡融合。

1

將切碎的巧克力沾在冷卻後的玻璃杯緣。

2 萃取風味濃厚的義式濃縮咖啡，使用雙倍60ml。

3

在調酒杯內填滿冰塊，倒入細砂糖，再倒入牛奶。加入2的義式濃縮咖啡60ml。

4

充分搖盪，直到形成細緻的氣泡為止，注入1裡。在中央放一顆咖啡豆，趁氣泡尚未破壞之前，迅速供應。

材　料

cappuccino freddo decorazione [1人份]

黑巧克力（切碎）	少量	砂糖	3.8g
義式濃縮咖啡	60ml	牛奶	80ml
冰塊	15g	咖啡豆	1顆

充分搖盪調酒杯，以『卡布奇諾製法』製作許多細緻的氣泡。奶泡的份量大約多於玻璃杯的1/3。當冰塊溶化後，口味會變得比較淡，所以請依砂糖、牛奶的順序加進調酒杯裡，最後再加入熱義式濃縮咖啡，迅速調製。也可以依個人喜好加入少許Amaretto杏仁酒，添加不同的變化。

Nocciolato

Trattoria-Pizzeria-Bar
Salvatore

大廳經理
金井 曉

這款咖啡的靈感來自以前工作的店家，義大利籍的咖啡吧台師傅所調配的花式咖啡，再搭上參加2004年咖啡吧台師傅大賽時使用的開心果與法式卡士達醬。法式卡士達醬柔和的甜味，以及高濃度的牛奶，襯托義式濃縮咖啡的美味。由於溫度太低將會失去滑順的口感，製作時不要加入冰塊，利用冰涼的法式卡士達醬與冰牛奶來享用這杯飲料吧。

材料

Nocciolato		
棒果泥	10g	
細砂糖	3g	
義式濃縮咖啡	25ml	
法式卡士達醬	30ml	ARRANGED 也可以用開心果泥、櫻桃糖漿、杏仁與甘那許代替
低溫殺菌牛奶	90ml	

這個配方正如左頁當中所介紹的，乃是以參加2004年咖啡吧台師傅大賽時的作品為基礎。因此，用當時使用的開心果泥取代榛果泥，調配起來也很好喝。除此之外，也可以用同為堅果類的杏仁與甘那許，比較有趣的是用黑櫻桃糖漿「Amarena」也很對味。

1 將細砂糖放入榛果泥中，充分溶化。

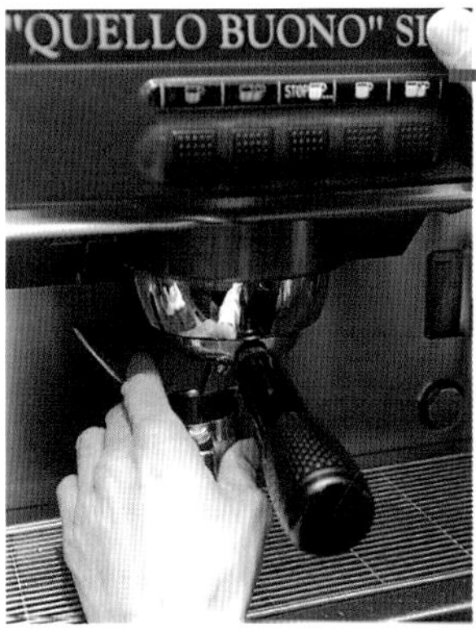

2 取8～9g的咖啡豆，萃取25ml義式濃縮咖啡，加入1裡混合均勻。

3 趁2還溫熱的時候，倒入細長果汁杯裡。

4 使用攪拌長匙，靜靜地將法式卡士達醬注入3的玻璃杯中。

5 將冰涼的低溫殺菌牛奶靜靜地倒在法式卡士達醬上方。

Caffe ciliegio

副咖啡吧台師傅 永山守

Lo SPAZIO

這杯咖啡名為「櫻花」。以春天這個季節為主題，以嚐起來酸味十足，女性容易入口的飲料為出發點構思配方，是一款使用草莓的咖啡。刻意使用酸味正好與義式濃縮咖啡相反的草莓。萃取濃厚的義式濃縮咖啡，以免被草莓的強烈酸味掩蓋，並且加入大量牛奶，搭配巧克力的風味，調合口味上的平衡。

1 草莓醬汁用的是義式冰淇淋用的果泥，酸味比較強。

2 將草莓醬放到容器中，加入砂糖。

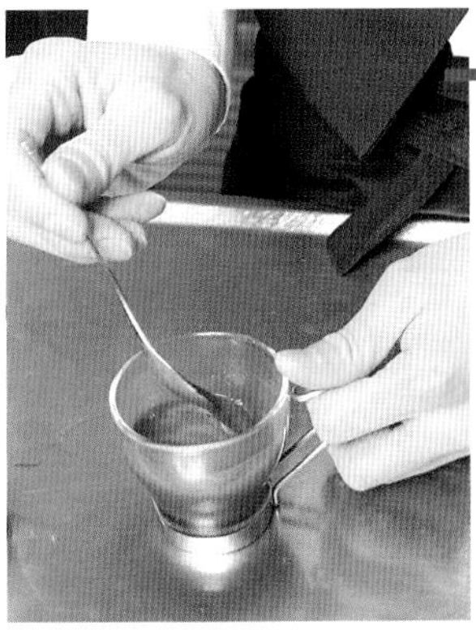

3 再倒入義式濃縮咖啡23～25ml，充分混勻。

4 將巧克力醬倒入供應的玻璃杯底部。

5 在奶泡杯裡放入牛奶與砂糖，製作氣泡細緻的奶泡。

6 將5的奶泡靜靜地倒入4的玻璃杯中。

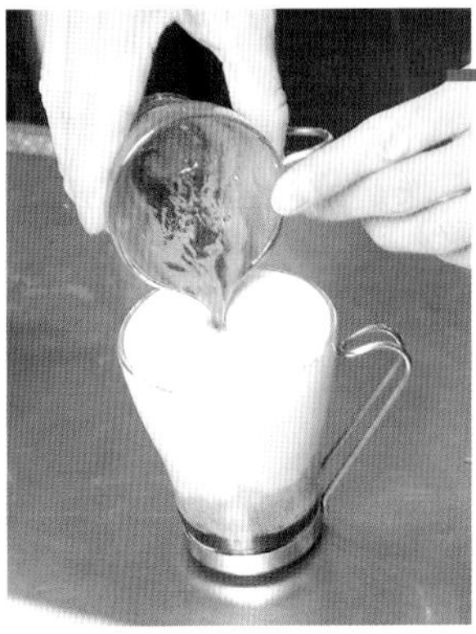

7 從奶泡的中央靜靜地注入3的義式濃縮咖啡。

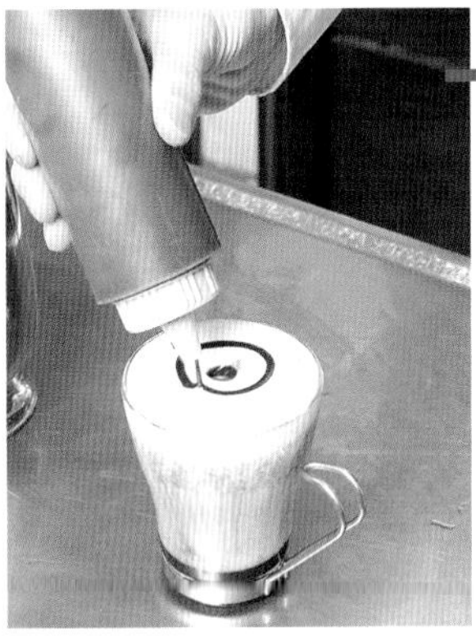

8 用巧克力醬在奶泡上方畫兩個同心圓。

9 用牙籤在8的巧克力醬上畫出放射狀的圖案。

embrasser encore [1人份]

巧克力醬	20g	ARRANGED 也可用Nutella（堅果泥）或焦糖醬代替
草莓醬汁	15g	
義式濃縮咖啡	23~25g	
細砂糖	20g	
牛奶	160ml	
細砂糖（牛奶用）	40g	
巧克力醬（裝飾用）	適量	

這個配方針對草莓的強烈酸味，使用濃厚的義式濃縮咖啡，並且針對這一點使用牛奶，並且加入巧克力調整平衡，巧克力與牛奶的甜味，與濃厚的義式濃縮咖啡的質感，取得完美的平衡。如果想要再加上一些變化，不妨用「Nutella」（堅果泥）或焦糖醬等等風味醇厚的素材取代巧克力醬，也可以達到平衡。

Greco ~S style

espressamente illy 八重洲櫻花通店

咖啡吧台師傅 齋藤利德

將『illy』最受歡迎的「Italian Greco」的層次上下顛倒。原本是讓義式濃縮咖啡冰沙飄浮在牛奶上，這裡將義式濃縮咖啡冰沙置於下方，用巧克力片隔開，上方倒入牛奶。原本應該是浮著的物體卻沈在下方，給人一種不可思議的感覺，令人印象深刻。只要用吸管將巧克力片敲碎，義式濃縮咖啡冰沙就會浮起來，2層在瞬間混合。

1 將冰塊放入碎冰機，製作碎冰。這個配方的關鍵在於使用較粗的冰塊。特別注意不要打得太細。

2 萃取雙倍義式濃縮咖啡（60cc）。

3 將1的冰塊放入深杯裡，倒入糖漿。再加入2的義式濃縮咖啡，以攪拌器混合。

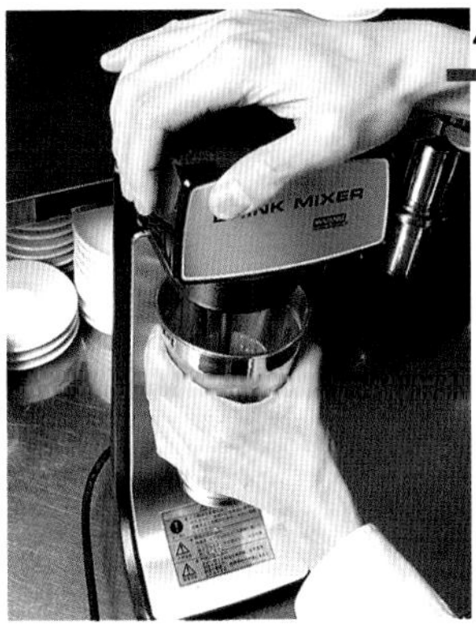

4 充分混合至攪拌器的音量變低為止。

5 待飲料成為濃稠狀之後，倒到玻璃杯的一半處。

6 以在玻璃杯上加蓋的感覺，用畫圓的方式擠上比較堅硬的鮮奶油，將薄薄的巧克力片放在中央。最後輕輕地倒入牛奶。

Greco~S style [1人份]

碎冰	10g
義式濃縮咖啡	60ml
糖漿	20ml
鮮奶油	少許
巧克力片（直徑4cm、厚度2cm的圓形）	1片
牛奶	30ml

義式濃縮咖啡冰沙使用較粗的碎冰，充分混合之後，製成稍硬的冰沙。如果使用柔軟的冰沙，最後倒入牛奶的時候，將會混在一起，無法形成美麗的層次。分隔的巧克力片，事先利用咖啡碟用調溫法製作。使用較硬的鮮奶油，利用鮮奶油與巧克力片當蓋子，製作堅固的隔層。

豆漿柳橙冰沙

咖啡吧台師傅 山下薰史

"LIFE" AND "SLOWFOOD" ITALIAN RESTAURANT
LIFE

使用健康訴求強烈的材料，推薦給注重養生的人們飲用的咖啡飲品。以豆漿抑制脂肪含量，並且使用黑糖或堅果等營養價值高的材料，完成這款喝起來相當有份量的飲料。由於添加了乳製品，因此柳橙的酸味與義式濃縮咖啡的酸味並不會產生衝突，清爽容易入口。依個人喜好，淋上附贈的巴薩米克醋，即可享用不同的風味。

材料

豆漿柳橙冰沙 [1人份]

材料	份量	ARRANGED
冰塊	5~6顆	
柳橙汁	75ml	也可以改用桃子果泥果汁、芒果汁或是椰奶
糖漿	適量	
煉奶	30ml	
義式濃縮咖啡	20ml（特濃）	
豆漿	50ml	
黑糖	各適量	
杏仁	各適量	
腰果	各適量	
脆米粒	各適量	

柳橙汁可以用桃子果泥果汁、芒果汁或椰奶等果汁代替。灑上杏仁或堅果不僅為風味與口感帶來刺激，喝起來更有份量，也是顧及飲料在維生素或礦物質等營養層面。製作健康飲品時，最重要的就是考慮口味的平衡。

1 在杯子裡放入5~6顆冰塊，接下來加入柳橙汁、糖漿、煉乳，稍微混合。

2 將義式濃縮咖啡加到1裡混合。

3 加入豆漿，用電動攪拌器打碎。將冰塊打碎，與液體充分混合後停止。

4 將3倒入玻璃杯中。使中心鼓起。

5 灑上黑糖、杏仁、腰果、脆米粒。

La Primavera
春天的造訪

BARISSIMO
有樂町ITOCIA店

咖啡吧台師傅 栗田榮一

將覆盆梅糖漿、義式濃縮咖啡、艾草奶油疊成3層，以「春天」為主題的咖啡。飲用第一口時不要混合，直接品嚐，享用艾草奶油的清爽香氣與細緻的口感，並且感受奶油與義式濃縮咖啡融合的感覺。第二口將全體混勻，加入酸酸甜甜的覆盆梅糖漿後飲用。一杯即可嚐到多種不同的變化，也是它的特徵。

材料

La Primavera 春天的造訪 [2人份]

艾草奶油（**A**磨碎的艾草葉30g、細砂糖10g、牛奶180ml、**B**蛋黃2顆、細砂糖10g、鮮奶油80g）	4杯份	細砂糖	10g
覆盆梅糖漿	10ml	馬斯卡彭起司（Mascarpone cheese）	8g
義式濃縮咖啡	50ml	鹽漬櫻花	適量
		艾草（粉末）	適量

艾草奶油的基本作法為：將磨碎的艾草葉放在茶包裡，用牛奶煮出顏色與香氣。義式濃縮咖啡的重點在於與馬斯卡彭起司混合。運用乳脂肪增加義式濃縮咖啡的濃度後，艾草奶油的口感與義式濃縮咖啡一致，飲用時比較不會有不合的感覺。最適合的起司是比較容易溶於液體中的馬斯卡彭起司。

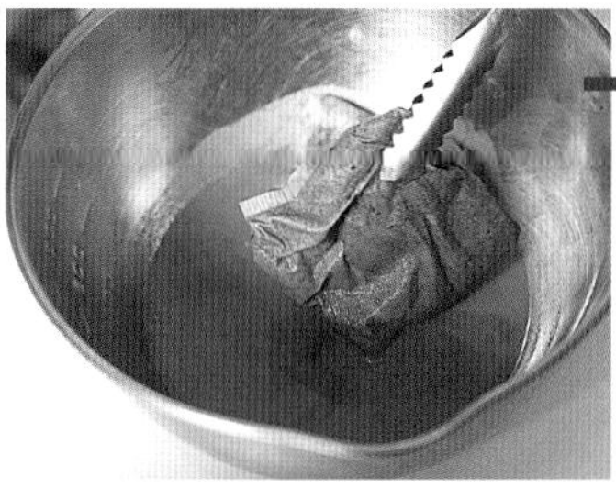

1 製作艾草奶油。混合材料A後烹煮，加入打發的蛋黃與細砂糖，以小火煮到黏稠狀。以冰水冷卻，與七分發的鮮奶油混合。

2 預先將覆盆梅糖漿倒入玻璃杯中。

3 在調酒杯裡放入細砂糖、義式濃縮咖啡、馬斯卡彭起司，充分混勻，待馬斯卡彭起司溶化後，填滿冰塊並搖盪。

4 靠在攪拌長匙上，靜靜地將3倒入2的玻璃杯，再放上1。灑上艾草的粉末，裝飾鹽漬櫻花。

Ciliegio

ENOTECA BAR
Primoordine

咖啡吧台師傅
阿部圭介

這款飲料使用櫻花糖漿，以表現春天的形象。在義式濃縮咖啡中加入牛奶，形成溫潤的口味，再加入櫻花糖漿與鮮奶油，就是一杯風味醇厚，微帶香氣，爽口的飲料。使用香檳杯展現多層次，露出沈在杯底的粉櫻色糖漿，表現春天的季節感。

材 料

Ciliegio

櫻花糖漿 ……… 10ml
雙倍義式濃縮咖啡 ……… 40ml
鮮奶油 ……… 20ml
牛奶 ……… 60ml
打發鮮奶油
（鮮奶油100ml、櫻花糖漿20ml）
……… 適量

ARRANGED 也可以改用莓果系的糖漿或堅果系的利口酒

這次使用雙倍萃取的義式濃縮咖啡，口味強烈，不會被糖漿和牛奶壓過去。請注意，重點在於以義式濃縮咖啡和牛奶為中心。糖漿可以使用適合義式濃縮咖啡的莓果系或堅果系，也可以用利口酒。鮮奶油打至七分發，完全溶於飲料之中，呈現一致感。

1 先將櫻花糖漿倒入玻璃杯中。

2 依順將鮮奶油、牛奶、義式濃縮咖啡、冰塊放入調酒杯裡，蓋上蓋子。

3 搖盪到飲料冷卻的程度。

4 將3靜靜地倒到玻璃杯裡。為了避免與糖漿混合，請將玻璃杯傾斜，由杯緣緩緩注入。再把打發鮮奶油放在上面。

甜蜜卡布奇諾
ciliegio

咖啡吧台師傅 齋藤利德

espressamente illy
八重洲櫻花通店

用柔韌的枝幹與可愛的粉紅色花瓣表現櫻花，讓人感到春光明媚的卡布奇諾。「ciliegio」即為櫻花之意。這是每年推出4次的季節性商品之一，每年3月中旬~4月底，所有的店舖都會供應這一款飲品。有別於一般用奶泡拉花的卡布奇諾，這款飲料用糖漿描繪圖案，讓人感到十分驚奇。這款飲品以草莓糖漿來象徵春天。

材料

甜蜜卡布奇諾 ciliegio [1人份]	
牛奶	250ml
糖漿	10ml
義式濃縮咖啡	30ml
巧克力糖漿	適量
草莓糖漿	適量

製作程序與基本的卡布奇諾相同，關鍵在於打奶泡時必須很謹慎。此外，注入義式濃縮咖啡的時候，必須集中於杯子的中央一點，小心不要使注入點擴散。以這一點為起點，纖細地表現柔韌的枝幹，用牙籤仔細描繪。花朵方面則描繪各式大小的花朵，儘量不要破壞氣泡。

1 先製作奶泡。將牛奶倒到拉花杯裡，加入1顆糖漿。

2 萃取濃厚的義式濃縮咖啡。萃取時，製作1的奶泡。

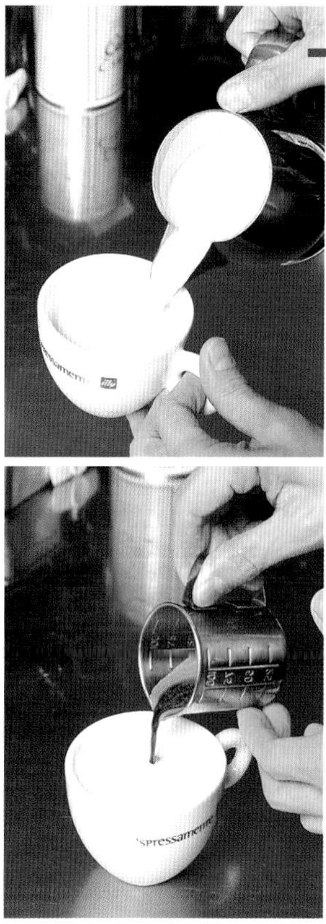

3 將打成奶泡的牛奶大量倒入杯中，從中央倒入義式濃縮咖啡。注入口集中於一點。

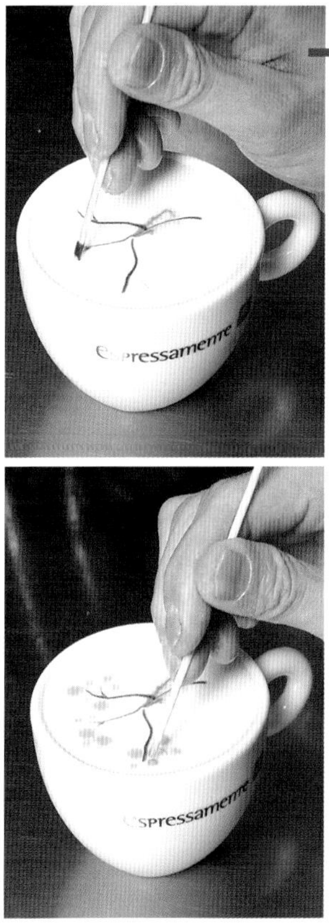

4 用牙籤尖端沾取巧克力糖漿，以3的注入口為起點，描到枝幹尖端。用牙籤平的那一端沾取草莓糖漿，用蓋章的方式，仔細畫出花朵。

Marroncchino

"LIFE" AND "SLOWFOOD" ITALIAN RESTAURANT
LIFE

咖啡吧台師傅 山下薰史

將日本人還不熟悉的摩卡奇諾（Marocchino）這款巧克力飲品，改成栗子的風味。佛羅倫斯料理經常使用栗子來表現季節感，同時，利用巧克力與栗子的溫和甜味，製成有如甜點般的飲品。只要從玻璃杯不同的地方飲用，即可享用可可、肉蔻荳等不同的風味，還可以將附贈的岩鹽含在嘴裡，再喝一口飲料，將使栗子的氣味更為迷人。

材料

Marroncchino [1人份]

材料	份量	ARRANGED
巧克力糖漿	5g	
栗子泥	10g	
莎巴翁醬汁（zabaglione）（蛋黃1顆、砂糖10g、牛奶400ml、萊姆酒1/2小匙）	10g	可以用煉乳或堅果系利口酒取代。使用利口酒時，不要使用肉荳蔻。
牛奶	90ml	
義式濃縮咖啡	20ml（特濃）	
可可粉、肉荳蔻、栗子蜂蜜、岩鹽（廣島產）	各適量	可可粉、肉荳蔻也可以換成小豆蔻或柳橙風味的蜂蜜

為了完美地結合栗子泥與巧克力的甜味，因此加入莎巴翁。可以用煉乳代替莎巴翁，也可以使用與義式濃縮咖啡相當對味的堅果系利口酒代替。雖然摩卡奇諾只會灑上可可粉，也可以在局部灑上肉荳蔻或小豆蔻等香料，做為點綴。

1 將巧克力糖漿與栗子泥放入玻璃杯內，充分混合。

2 將莎巴翁醬汁靜靜地淋在1的上面。

3 將牛奶倒進拉花杯裡，用蒸氣打奶泡，為了避免與下層的醬汁混合，從較低的位置倒滿整個杯子。

4 用8g咖啡豆萃取20ml特濃義式濃縮咖啡。從玻璃杯的邊緣緩緩注入義式濃縮咖啡。

5 將可可粉灑在飲料表面的單側。

6 在可可粉的對面灑上肉荳蔻。

7 用筷子等棒狀物體將蜂蜜滴於中心處。

咖啡歐蕾

八百咖啡店

曾田 顯・增田史子

這是一杯為了讓人更深入品味咖啡，將咖啡與牛奶結合的咖啡歐蕾。使用石川縣「二三味珈琲」以新幾內亞咖啡為基底的綜合咖啡，用虹吸式萃取出濃度較高的咖啡，完成的咖啡口味均衡，不會輸給牛奶的味道。使用手工感十足的杯子，是一款值得花時間細細品味的咖啡。

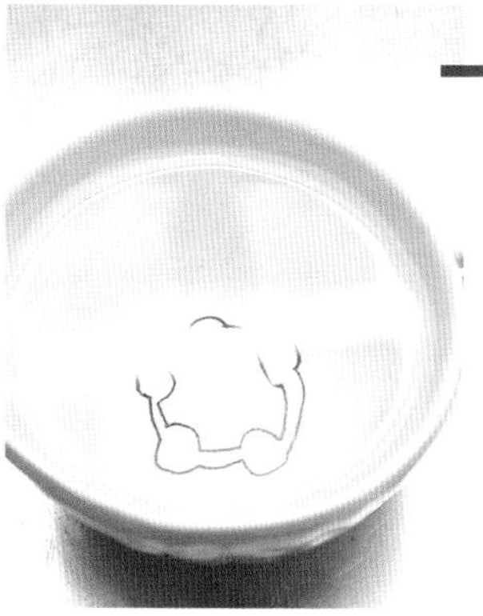

1
由於杯子頗具厚度，事先倒入熱水溫熱杯子。

2
將牛奶加熱至70℃左右，注意不要讓牛奶煮沸，用攪拌器一口氣混合打發。

3
倒掉溫熱杯子的熱水，倒入以虹吸式萃取的咖啡。接下來用2的牛奶將杯子倒滿。

材　料

咖啡歐蕾

咖啡	80ml
牛奶	50ml

為了防止牛奶沖淡咖啡的味道，使用深度烘焙、風味厚重的咖啡豆。使用石川縣「二三味珈琲」的綜合咖啡，因為新幾內亞生產的咖啡豆氣味清爽，與牛奶相當對味。關鍵在於使用現沖的咖啡，牛奶不要加熱過度。

牛奶咖啡

杉山台工房

老闆 北川 整

像咖啡歐蕾這類咖啡與乳製品的組合，通常大部分都是使用牛奶，這款配方使用咖啡與鮮奶油的組合，提昇它的魅力。這麼簡單的組合，味道更是關鍵，我使用的是最信賴的岩手縣．守山乳業的鮮奶油。供應的時候搭配La Perruche鸚鵡糖。加入砂糖後飲用，鮮奶油的濃厚氣味將會更迷人。

材料

牛奶咖啡 [1人份]

咖啡（中濃混合）	50ml	熱水	少許
鮮奶油（20%）	70ml	香草精	適量

這一款咖啡使用哥倫比亞Supremo、巴西完熟、巴西聖多斯、衣索比亞西達摩等4種。以中深度烘焙，口味偏濃的中濃混合，由於牛奶無法承受它的濃度，所以選用濃厚的鮮奶油。老闆用的是岩手縣．守山乳業出產，乳脂肪含量20%的鮮奶油。灑上少許香草精，增加香氣，直接享用素材本身的魅力。

1 用濾紙沖泡中濃混合的咖啡豆，加熱至約90℃。

2 將鮮奶油倒進鍋子裡，加少許熱水稀釋。搭配咖啡後的溫度大約為90℃左右，所以鮮奶油的溫度稍微熱一點，約95～96℃左右。

3 將咖啡50ml倒到事先溫熱過的杯子裡，加入少許香草精。這時咖啡的溫度大概會略低於90℃。

4 用過濾器過濾溫熱的鮮奶油，倒進杯子裡。

caffe gelato carte

六本木 Bar del Sole本店

咖啡吧台師傅
岡村啟史

從商品名稱的「gelato」(義式冰淇淋)與玻璃杯的外觀,大概會使人聯想到冷飲吧,其實只要用手摸摸看,就會發現它是溫熱的,是一道令人驚奇的飲品。乍看之下很像聖代,其實卻是義式濃縮咖啡,這種不可思議的感覺也非常獨特。將溫熱的莎巴翁義式冰淇淋倒在熱巧克力牛奶上,再注入義式濃縮咖啡。形成三層褐色與白色的美麗層次,最上面的打發鮮奶油形成美麗的大理石紋路。

1

將巧克力粉與牛奶放入拉花杯，用迷你攪拌棒混勻、溶化。

2

將莎巴翁義式冰淇淋放在另一個拉花杯裡，用湯匙壓開，溶化成滑順黏稠的狀態。

3

依序用蒸氣加熱1與2，先將50g的1倒進玻璃杯中。將彎曲的湯匙放進玻璃杯內，先將蒸氣加熱後的2倒到湯匙上，再輕輕地流入杯中。

4

萃取的義式濃縮咖啡25ml也用同樣的方式，活用彎曲的湯匙，緩緩注入，接下來擠上打發的鮮奶油，最後再立體地放一個威化餅。

材 料

cafe gelato carte [1人份]

巧克力粉	24g（12g）	義式濃縮咖啡	25ml
牛奶	140ml（70ml）	打發鮮奶油	適量
莎巴翁義式冰淇淋	35g	威化餅	1片

莎巴翁義式冰淇淋的材料與莎巴翁相同，使用蛋黃、砂糖、馬沙拉酒（Marsala）等等，是為了這款飲品特別製作的。為了製作出3層褐色與白色的美麗層次，重點在於使用彎曲的湯匙。將湯匙放在玻璃杯裡，先倒在湯匙上，流滿湯匙後，再慢慢地注入杯子裡。進行這個精細的工作時，必須非常慎重。

咖啡松淇朵

咖啡吧台師傅 山下薰史

"LIFE" AND "SLOWFOOD" ITALIAN RESTAURANT
LIFE

松樹的甘露蜜經常用來製作甜點或餅乾，還有杜松子，它的的香氣近似製作蒸餾琴酒的松脂，對咖啡而言，是少見的材料，這是想像森林香氣後完成的一款飲品。為義式濃縮咖啡添增更具深度的甜美，用香料呈現獨特的風味。這是為了因應每星期四實施的「甜點day」而製作的飲料。

材料

咖啡松淇朵 [1人份]

義式濃縮咖啡	20ml	
牛奶	20ml	
七分發的打發鮮奶油	5g	
松樹的甘露蜜	10g	
杜松子	1顆	ARRANGED 可以改用小豆蔻或丁香
粉紅胡椒	3顆	

松樹的甘露蜜加熱後香氣更為迷人，這次試著加到熱飲當中。為了避免最後加入的香料沈入杯中，所以鮮奶油不要打到過發，保持柔軟的狀態即可。杜松子也可以用丁香或小豆蔻等氣味強烈的香料，或是松樹枝、煙燻木片代替，可以增加香氣。

1 用8g咖啡豆萃取義式濃縮咖啡20ml，直接萃取至杯中。

2 將松樹的甘露蜜放在1裡，混合。

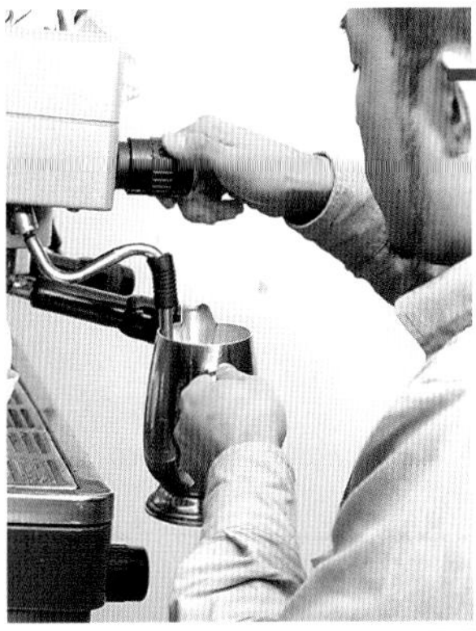

3 以蒸氣加熱牛奶，將杯子稍微傾斜，倒到2的杯子裡。

4 將七分發的打發鮮奶油放在中心，小心不要沈入杯中。

5 5將杜松子與摘除種子的粉紅胡椒放在打發鮮奶油上。

Hot arranged

Espesso Marc O'Polo

ENOTECA BAR Primoordine

咖啡吧台師傅 篠崎好治

享用香辣的義式濃縮咖啡，簡單又衝突性十足的飲料。這是以在威尼斯喝過的香辣義式濃縮咖啡為基礎調製的配方。另外準備了黑糖，取代平時飲用義式濃縮咖啡搭配的巧克力。藉由香料在喉頭造成的微辣刺激，以及黑糖香醇的甜度，感受更新鮮的義式濃縮咖啡。

材 料

Espesso Marc O'Polo		
各種香料（將肉桂、薑、小豆蔻以0.5比1比1的比例混合）	0.5g	ARRANGED：也可以改用黑胡椒與肉荳蔻、或是巧克力與辣椒混合的香料
義式濃縮咖啡	28ml	

如果只用1種香料將會過於單調，所以用2~3種調合。使用適合做甜點的香料，也可以用肉荳蔻或黑胡椒代替。想要不同的組合時，不妨使用巧克力與辣椒這個有趣的組合。準備黑糖取代與義式濃縮咖啡相當對味的巧克力，舒緩香料造成的刺激。為了襯托義式濃縮咖啡的風味，只用少量香料，取得口味的平衡。

1 將各種香料放在玻璃杯裡，充分混合。

2 將1的香料放進杯子裡。

3 用8g的咖啡豆萃取義式濃縮咖啡28ml，直接用2的杯子萃取，另外準備黑糖。

玫瑰風味卡布奇諾

Dolce far niente

咖啡吧台師傅
緒方雄正

活用保加利亞出產的優質玫瑰水，開發出這款飲品。玫瑰水的香氣強烈，絲毫不比義式濃縮咖啡遜色，所以使用奶泡結合兩種素材。不僅增加濃醇的口感，襯托義式濃縮咖啡與玫瑰水時，也不會妨礙它們原本的個性。第一口直接飲用，感受濃厚的香氣，第二口再加入砂糖，享受溫和的風味。

1

將玫瑰水倒進事先溫熱的杯子裡。

2

將1的杯子放在義式濃縮咖啡機下方，萃取義式濃縮咖啡。

3

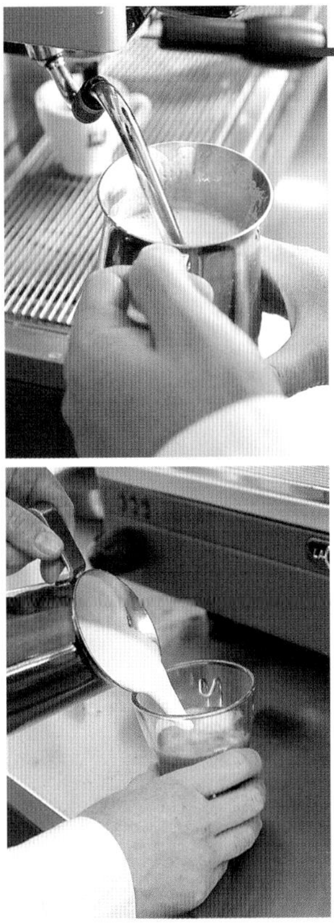

製作蒸氣奶泡。剛開始先將噴管垂直伸入牛奶中，中途將拉花杯傾斜攪拌。打破液體裡的大氣泡，注入2的杯子裡時，拉出愛心的圖案。

4

在表面裝飾可以食用的玫瑰花瓣（乾燥）。

材 料

玫瑰風味卡布奇諾 [1人份]

義式濃縮咖啡	25ml	ARRANGED 可以用Kiss of Rose（玫瑰利口酒）代替
玫瑰水	5ml	
奶泡	150ml	
食用玫瑰（乾燥）	適量	

這款飲品的重點在於使用品質好的玫瑰水。如果不容易取得的話，也可以用利口酒「Kiss of Rose」代替。它是以馬鈴薯與蜂蜜製成的蒸餾酒，再加入玫瑰精華製成的德國利口酒。請注意加熱奶泡時溫度不要過高，保留牛奶微甜的口感。拉出愛心圖案再裝飾可以食用的玫瑰花瓣，是一款迎合女性喜好的飲品。

PUMA

Sol Levante

咖啡吧台師傅
圖師聰

靈感來自店裡的招牌巧克力蛋糕。在義式濃縮咖啡加入甘那許巧克力（Ganache）、鮮奶油與香草糖，呈現蛋糕的感覺，將粉紅胡椒放在漩渦狀的鮮奶油圖案中央，色香味俱全。甜度、苦味與辣勁達到完美的平衡，風味濃厚，吃起來就像是一道甜品。

材 料

PUMA [1人份]

大茴香風味的甘那許巧克力	10ml
砂糖（含草莓粉）	1湯匙
義式濃縮咖啡	30ml
鮮奶油	30ml
香草糖	1湯匙
粉紅胡椒	
覆盆梅醬汁	各適量

ARRANGED 也可以放上切碎的肉桂棒。

杯緣的覆盆梅醬汁、飄浮在飲料上的粉紅胡椒竄進鼻子裡的香氣，飲用後在鼻腔內散開的香氣完全不同，突顯辣勁與義式濃縮咖啡的風味。粉紅胡椒也可以改用與義式濃縮咖啡比較對味的肉桂代替，由於它只是用來增加香氣，所以也可以放上切碎的肉桂。

1 在玻璃杯緣沾上覆盆梅醬汁，再灑上砂糖。

2 將甘那許與砂糖放入烈酒杯。

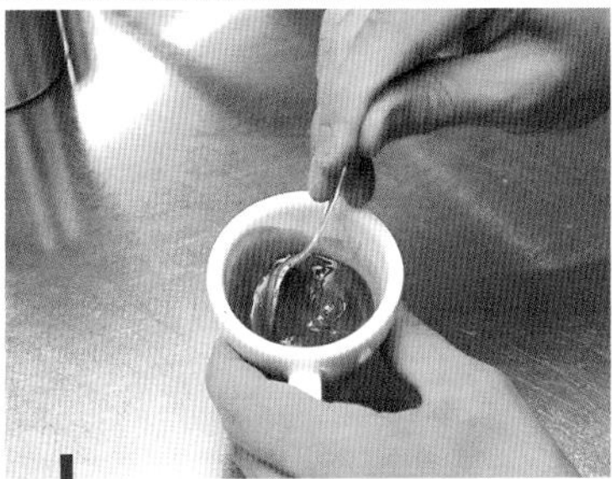

3 以比8g略多的咖啡豆萃取義式濃縮咖啡30ml，直接萃取在2的杯子裡。充分混合、溶化。

4 將3的飲料倒入杯子裡。

5 將鮮奶油與香草糖放入調酒杯中搖盪。搖盪至略微起泡的程度。

6 使用湯匙，將搖盪後的鮮奶油倒入杯中，使鮮奶油浮在表面。

7 用湯匙以描繪的方式，在鮮奶油表面畫出圓形。

8 將粉紅胡椒放在中央。

Sud belle novole

BAR DEL CIELO

咖啡吧台師傅 荒井誠

它的名字是義大利文的「通往南方天空的彼端」。利用血橙或榛果等等令人聯想到南義大利的素材，表達對南義大利的憧憬。柳橙醬汁是自家製作，用顏色深沈的血橙呈現視覺上的個性，並且可以充分地感受水果的自然甘甜、酸味。可以攪拌均勻後飲用，也可以用義大利脆餅沾取奶泡食用，享用各種不同的飲用方法。

1

將以血橙製作的紅色柳橙醬汁倒在杯子底部。

2

以蒸氣加熱牛奶，製作奶泡，靜置片刻，待牛奶與奶泡分離。

3

以7.5g咖啡豆萃取義式濃縮咖啡25ml。此時加入甘那許，充分攪拌後溶化。

4

在調酒杯裡填滿冰塊，倒入3搖盪。當冰塊過少時，冰塊將會形成結塊，使味道變淡。

5

使用攪拌長匙，靜靜地倒在1的杯子裡。

6

將2已經分離的奶泡上半部分輕地放在飲料上，最後再裝飾糖漬果皮。供應時，用另一個盤子送上榛果義大利脆餅。

材料

Sud delle novole [1人份]

義式濃縮咖啡	25ml	
自製柳橙醬汁（血橙1顆、細砂糖10g、君度橙酒（Cointreau）少許）	10g	ARRANGED 君度橙酒可以換成GRANMANIE柳橙利口酒或檸檬利口酒
甘那許（甜巧克力100g、鮮奶油100ml、榛果利口酒少許）	5g	ARRANGED 榛果利口酒可以改用Irish Cream、Amaretto杏仁酒或Kahlua咖啡酒
奶泡	3大匙	
糖漬柳橙果皮	適量	
堅果義大利脆餅	2條	

由於最後才會放上奶泡，所以要打得稍微硬一點，待分離之後再使用。製作甘那許的鮮奶油一旦脂肪含量太高，可能會形成分離現象，所以訣竅在於使用脂肪含量較低的鮮奶油。柳橙與巧克力和義式濃縮咖啡融合後，將會失去風味，所以用糖漬果皮添增香氣。為了展現南義大利的風味，在義大利脆餅中加入柳橙與榛果，呈現一致感。

Per Bacco

Trattoria-Pizzeria-Bar
Salvatore

大廳經理
金井 曉

在我第一次工作的店裡，看到義大利人製作的冰花式咖啡，當時我受到很大的衝擊，「咖啡居然能夠變到這種地步」。由於這個印象，所以用那家店的名字為這款咖啡雞尾酒命名。採用適合義式濃縮咖啡，酒精含量高的利口酒取得平衡，完成具有義大利風格的花式咖啡。即使加了不同的變化，還是充滿義式濃縮咖啡的風味。

材料

Per Bacco

「NOCELLO（核桃酒）」	45ml
細砂糖	6g
義式濃縮咖啡	25ml
鮮奶油	45ml
君度橙酒	少許

ARRANGED 也可以用「富蘭葛利榛果利口酒（Frangelico）」、「義大利香草酒」、「Strega」代替

少量的義式濃縮咖啡也具有強烈的風味，這是因為與酒精含量高的利口酒相當對味之故。這個配方原本來自「與餐前酒的搭配」，因此變化的範圍相當大。除了「NOCELLO」之外，也可以改用堅果類的餐前酒「Frangelico」或是香草類的「義大利香草酒」、「Strega」等，展現不同的個性。

1 將「NOCELLO」倒入容器中。「NOCELLO」是核桃利口酒。

2 將細砂糖加進1的容器裡攪拌，用蒸氣溫熱，使細砂糖完全溶解。將飲料倒入玻璃杯裡。

3 以8～9g咖啡豆萃取義式濃縮咖啡25ml。

4 倒進1的杯子裡。使用湯匙靜靜地注入。

5 稍微打發鮮奶油，靜靜地倒在2的杯子最上面。

6 取用留在2的容器裡，剩下來的核桃風味義式濃縮咖啡，以2～3滴滴在5的右半邊。用牙籤描繪，畫出愛心的圖案。

7 輕輕地將可可粉灑在6的左半邊，形成圖案。

8 最後灑少許君度橙酒增加香氣。

冰愛爾蘭咖啡

合羽橋珈琲

經理 田中泰

咖啡、鮮奶油、泡沫形成3層，外觀也很迷人的冰咖啡。在冰咖啡裡加入愛爾蘭之霧利口酒(Irish Mist)與糖漿，用調酒杯攪拌後倒入杯中，最後再加上鮮奶油，呈現甘醇風味。剛入口時還有一點碎冰，立刻溶化的口感也是它的魅力所在。將杯子放在冷凍庫裡充分冰鎮，冰涼度將會更持久。

材料

冰愛爾蘭咖啡 [1人份]

冰咖啡	130cc	糖漿	5g
愛爾蘭之霧利口酒	8cc	鮮奶油	適量

冰涼的飲品香氣比較不明顯，所以這個配方不用威士忌，改用加入香草精華的愛爾蘭之霧利口酒，提昇香氣與口感。注入鮮奶油的方法也很重要，要從杯子中央，以破壞泡沫的感覺緩緩注入，就會形成咖啡、鮮奶油、泡沫三個層次。由於冷鎮後的咖啡，味道與香氣都不及溫熱的時候濃郁，所以使用透明的玻璃杯，在視覺方面增添一些美感。

1 將3顆冰塊放入冷卻後的調酒杯裡，倒入冰咖啡。

2 加入愛爾蘭之霧利口酒、糖漿。

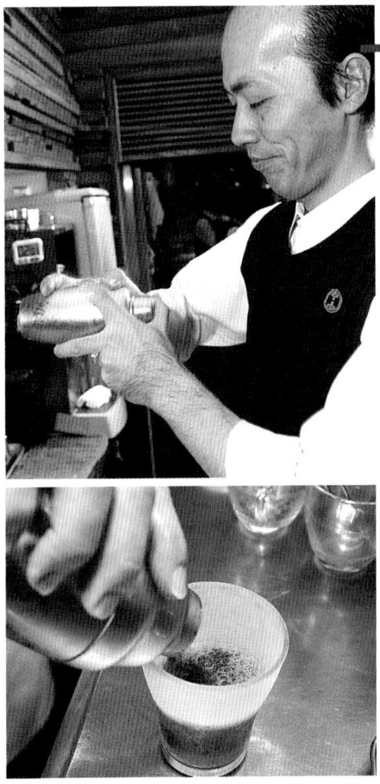

3 搖盪調酒杯20～30次，充分攪拌。將所有的咖啡連同泡沫都倒進放在冷凍庫充分冷凍的杯子裡。

4 將冰涼的鮮奶油沿著湯匙緩緩從中央注入。

君度橙卡布奇諾

六本木 Bar del Sole 本店

咖啡吧台師傅
岡村啟史

這是一款表現店名的「太陽（Sole）」，君度橙利口酒風味的卡布奇諾。描繪出細膩的太陽圖案，用糖漬柳橙果皮表現它的燦爛光輝，太陽可愛的表情帶給顧客視覺的享受。柑橘系的清爽芳香，以及巧克力與義式濃縮咖啡組合成令人玩味的合弦，完全治癒顧客的心靈。為了製造細緻的泡沫，打奶泡時使用2人份以上的份量，大量打發。

材料

君度橙卡布奇諾 [1人份]

巧克力糖漿	30g	義式濃縮咖啡	25ml
君度橙利口酒	5ml	巧克力糖漿	適量
牛奶	200ml	糖漬柳橙果皮	適量

卡布奇諾美味的秘訣，在於細緻的奶泡。即使只製作一杯份的卡布奇諾，打奶泡時至少都會使用超過2杯份（200ml）的牛奶。這個配方採用與義式濃縮咖啡相當對味的巧克力糖漿補足甜度。為了避免味道過於甜膩，因此使用適合巧克力的君度橙利口酒，使用君度橙利口酒時，香氣也比較迷人。

1

將巧克力糖漿倒進杯子裡，加入君度橙利口酒，用湯匙攪拌至呈濃稠狀。

2

以蒸氣打奶泡，慢慢注入1的杯子裡。趁這個時候萃取義式濃縮咖啡。

3

將義式濃縮咖啡從杯子的同一點注入，以畫圓的方式淋上巧克力糖漿。用冰錐的尖端沾取巧克力糖漿，描繪臉部，將冰錐沿著圓形，從內側往外側描出螺旋狀。將5～6片糖漬柳橙果皮放在周圍。

Alcohol arranged

Sveglia

咖啡吧台師傅 阿部圭介

ENOTECA BAR Primoordine

這杯飲料的靈感來自春天的溶雪。為了表現大地的生命從地底露臉的模樣，用貌似雪花的奶泡覆蓋下方3層，薄荷葉片則用來模擬新綠發芽的樣貌。在義式濃縮咖啡加入濃厚的巧克力與爽口的薄荷利口酒，是一款充滿能量，迎合男性喜好的風味。

材 料

Sveglia [1人份]

cioccolata巧克力	50ml	
（巧克力粉與牛奶以20比100的比例調配而成）		
薄荷利口酒	10ml	ARRANGED 可以改用薄荷糖漿。也可以加入牛奶中打成奶泡，或是製作冰沙
義式濃縮咖啡	20ml	
奶泡	適量	
薄荷葉	適量	

薄荷利口酒的刺激其實相當強烈，所以搭配濃厚的cioccolata，在口味方面取得均衡。不習慣酒精的人，也可以改用薄荷糖漿。由於薄荷可以用於熱飲，也可以加在冷飲裡，所以也可以製作薄荷義式冰淇淋，或是加進牛奶當中。製作分層法的飲料時，請注意加進杯子裡的順序與注入方式。

1 製作cioccolata。將巧克力粉與牛奶放入杯子裡，先行混合，再以蒸氣加熱溶化。

2 將薄荷利口酒倒入杯中。

3 使用彎曲的湯匙，依cioccolata、義式濃縮咖啡的順序緩緩注入。最後再倒入奶泡，放上薄荷葉。

Caffe Doppio

BAR DEL CIELO

咖啡吧台師傅 川島史樹

在以調酒杯搖盪至起泡的義式濃縮咖啡中，放上大量咖啡風味的打發蛋白。概念源於「用吃的咖啡」，請顧客享用黑色與白色，2種不同的咖啡泡沫。泡沫在嘴裡消失的感覺，與其說是飲料，不如更接近甜點的印象。還有一種給成年人的享用提案，隨飲料供應加入咖啡豆的義大利茴香酒Sambuca，點火燃燒，待酒精成分蒸發後再加進咖啡裡飲用。

材料

Caffe Doppio [1人份]

蛋白	1顆份	細砂糖	1小匙
細砂糖	8~9g	可可粉	少許
咖啡精華	數滴	Sambuca	適量
檸檬汁	1小匙	咖啡豆	適量
雙份義式濃縮咖啡	25ml		

靈感的出發點在於蛋白，利用打發蛋白的特性，活用於花式咖啡上。由於義式濃縮咖啡含有大量泡沫，為了強調它的口味，在萃取時使用雙份啡咖豆。另一個重點是長時間用力地搖盪調酒杯，製造大量細緻的泡沫。隨飲料供應的Sambuca，是產於義大利的甘甜餐後酒。考量飲用時的口感，使用杯緣較薄的玻璃杯。

1 將細砂糖加入蛋白後打發，加入咖啡精華、檸檬汁。

2 用2倍咖啡豆萃取義式濃縮咖啡。

3 在調酒杯中放入半量冰塊，加入細砂糖、可可粉、2的義式濃縮咖啡。

4 長時間強烈地搖盪，搖盪時間超過30秒。

5 從調酒杯注入玻璃杯中。由於從中途開始將會只剩下泡沫，請用湯匙將所有泡沫都撈進杯子裡。

6 放入大量1的打發蛋白。同時送上加入咖啡豆的Sambuca。

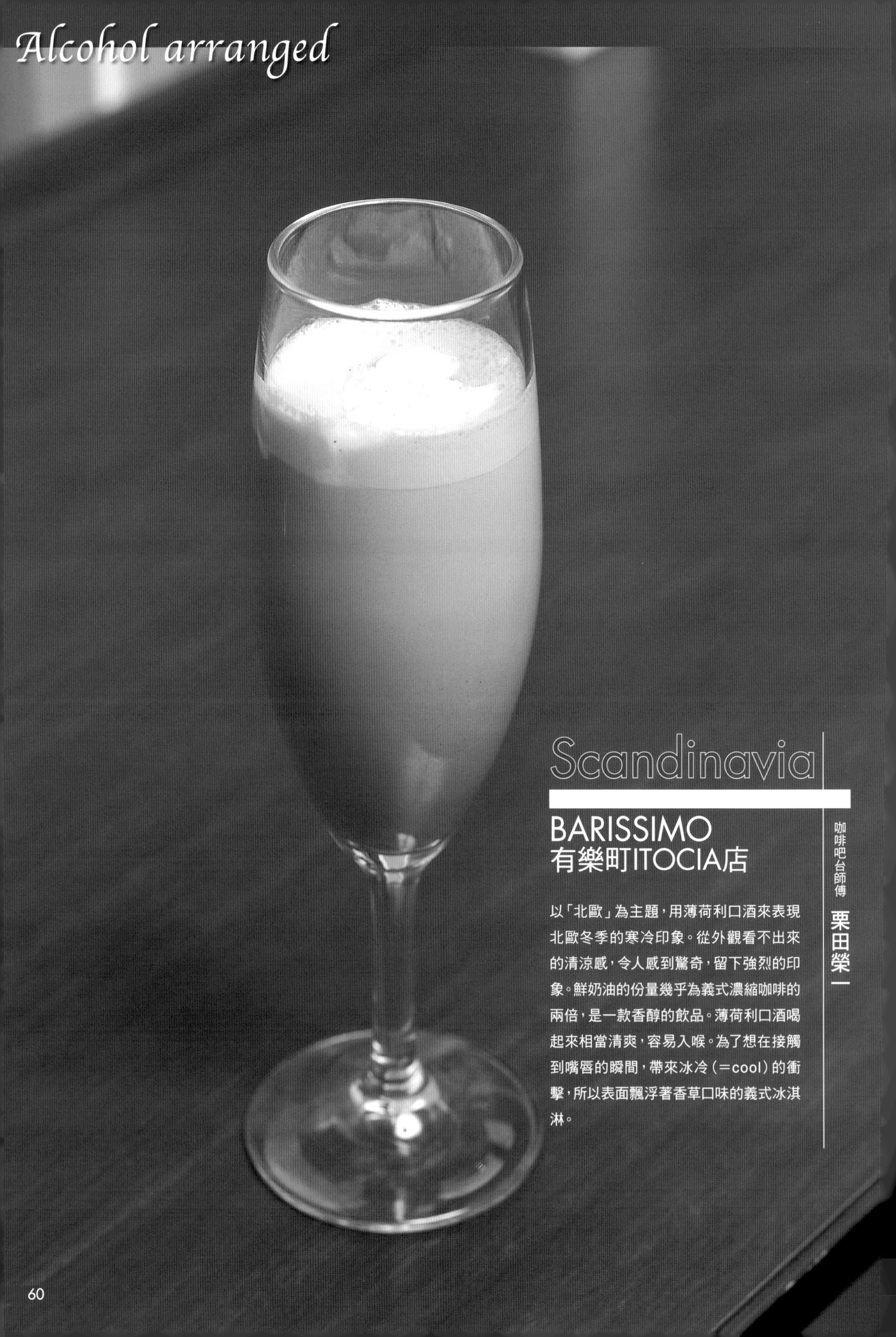

Scandinavia

BARISSIMO 有樂町ITOCIA店

咖啡吧台師傅 栗田榮一

以「北歐」為主題，用薄荷利口酒來表現北歐冬季的寒冷印象。從外觀看不出來的清涼感，令人感到驚奇，留下強烈的印象。鮮奶油的份量幾乎為義式濃縮咖啡的兩倍，是一款香醇的飲品。薄荷利口酒喝起來相當清爽，容易入喉。為了想在接觸到嘴唇的瞬間，帶來冰冷（＝cool）的衝擊，所以表面飄浮著香草口味的義式冰淇淋。

1

萃取2人份的義式濃縮咖啡，倒進調酒杯裡，放入細砂糖。趁義式濃縮咖啡尚未冷卻時攪拌，使細砂糖完全溶化。

2

將薄荷利口酒注入1中，再加入鮮奶油，用湯匙輕輕攪拌。使用乳脂肪含量高的鮮奶油，呈現香醇的口感。

3

將冰塊放入調酒杯裡，搖盪15～16秒，充分冰鎮飲料。注入玻璃杯中，靜靜地放上攪拌至柔軟狀態的義式冰淇淋。

材料

Scandinavia [2人份]

義式濃縮咖啡	50ml	鮮奶油（乳脂肪含量47%）	90ml
細砂糖	10g	義式冰淇淋（香草）	適量
薄荷利口酒	20ml		

使用調酒杯，充份地攪拌義式濃縮咖啡、薄荷利口酒、鮮奶油這些不容易混合的材料，同時急速冷卻溫熱的義式濃縮咖啡。如果薄荷利口酒的份量過多，將會損及義式濃縮咖啡的風味，加入薄荷利口酒時，只要能感到清涼的程度即可。直接放入義式冰淇淋可能會沈入杯中，請用湯匙攪拌至柔軟的狀態再放在最上方。

Caffe Diavolo

Lo SPAZIO

店長 手島義明

這是一款為了在寒冷的天氣裡溫熱身體，構思而成的溫熱咖啡飲品。使用與義式濃縮咖啡相當對味的巧克力，它的甜美不僅會使人放鬆心情，還加入酒精成分，可以溫熱身體。這裡使用的「Diavola」，乃是一種香草系的利口酒。酒精含量高達75%，但是味道與巧克力很合，所以在飲料中加入少許。

材 料

Caffe Diavolo

義式濃縮咖啡	23~25ml	
cioccolata巧克力	45ml	
細砂糖	10g	
牛奶	130ml	
「Diavola」	10ml	ARRANGED 可以改用「Amaro」或「Amaretto」。
可可粉	適量	也可以用鮮奶油裝飾。

「Diavola」是義大利生產的香草系利口酒，它的特徵是酒精度數非常高。用於咖啡配方時，請加入少量，10ml即可。如果不習慣酒精的人，可以使用風味接近，酒精度數比較低（15~19%，依製造商而異）的「Amaro」代替。雖然風味可能稍微不同，也可以用堅果與杏桃的利口酒「Amaretto」取代。

1 將義大利製的可可粉加進牛奶中混合，製作cioccolata。

2 在1裡加入細砂糖混合，用蒸氣加熱。

3 待細砂糖完全溶解後，注入玻璃杯的底部。

4 用蒸氣打奶泡，靜靜地注入杯子裡。

5 萃取義式濃縮咖啡。趁空檔從中央部分注入「Diavola」。

6 從注入「Diavola」的地方，注入萃取的義式濃縮咖啡。

7 均勻地將可可粉灑滿整個表面。

Primoordine

咖啡吧台師傅
篠崎好治

ENOTECA BAR
Primoordine

以在店裡創作的義式濃縮咖啡搭配牛奶的組合，調製而成的花式咖啡。靈感來自於使用義式濃縮咖啡的雞尾酒，使用萊姆酒與君度橙利口酒，酒精較強，比較接近男性的口味。刺激嗆鼻的香味，以及清爽的口感，加入巧克力之後更容易入喉，是一款最適合於餐後飲用的飲料。

1

將細砂糖放入杯子裡，以8g咖啡豆萃取義式濃縮咖啡28ml。

2

放入君度橙利口酒、Myers's rum、牛奶、巧克力醬汁、1的義式濃縮咖啡、冰塊後搖盪。

3

將搖盪後的飲料注入杯中，以湯匙舀入蒸氣奶泡，再把咖啡豆放置其上。

Primoordine

牛奶	30ml	
細砂糖	8g	
君度橙酒	5ml	ARRANGED 可以改用微苦或水果系的利口酒。
Myers's rum	15ml	ARRANGED 可以改用白蘭地、Grappa、水果系的利口酒。
義式濃縮咖啡	28ml	
巧克力醬汁（牛奶100ml、巧克力粉20g）	15g	
奶泡	適量	
咖啡豆	1顆	

酒精成分用的是不會損及義式濃縮咖啡風味的君度橙酒。如果只用君度橙酒的話，它的風味比較濃烈，所以再加入香氣甜美的Myers's rum，提昇香醇的風味。君度橙酒可以改用微苦或水果系的利口酒，Myers's rum則可用白蘭地或Grappa等等醇厚的酒精來代替。重點在於即使加入酒精成分，義式濃縮咖啡才是組合中的主角。

Mocha Java

合羽橋咖啡

經理 田中泰

這款熱飲當中含有與咖啡十分對味的巧克力。除了巧克力糖漿之外，還加入可可利口酒，呈現深奧的口味。最後將大量打發鮮奶油和切碎的巧克力放在飲料上方，添增醇厚的風味。喝進嘴裡，咖啡強烈的味道與香氣竄入鼻中，隨後即可隱約感到巧克力的風味。

1 將巧克力糖漿和可可利口酒放在杯子裡。可可利口酒採用荷蘭BOLS公司的產品。

2 重新溫熱咖啡，注入杯中，稍加混合。咖啡採用細研磨的義大利式烘焙。

3 輕輕將稍微打發的鮮奶油放在飲料上方，再裝飾切碎的巧克力。

材 料

Mocha Java [1人份]

咖啡	130ml	打發鮮奶油	30ml
可可利口酒	8ml	切碎的巧克力	少許
巧克力糖漿	25ml		

構想來自「咖啡店的花式咖啡」，所以不採用複雜的變化，是一款簡單的配方。使用的鮮奶油不加砂糖，這是為了在飲用時充分地感受咖啡的風味。此外，花式咖啡的風味通常比不上一般的綜合咖啡，所以使用咖啡口味濃厚的義大利式烘焙咖啡豆，細研磨後以濾紙萃取。

咖啡提拉米蘇

BARISSIMO有樂町ITOCIA店

咖啡吧台師傅　栗田榮一

將最受歡迎的甜品----提拉米蘇調配成飲品，是一款相當受歡迎的熱花式咖啡。加入馬斯卡彭起司，使口味更香濃，再加上「Baileys奶油酒」添增風味，是一杯適合成年人飲用的飲料。飲料上方有大量綿密的奶泡，入口時呈現滑順的口感。除了直接飲用之外，也可以用品嚐甜點的方式，用湯匙舀起來享用。

材料

咖啡提拉米蘇 [1人份]

馬斯卡彭起司	10g	奶泡	180ml
奶油利口酒（Baileys）	10ml	義式濃縮咖啡	25ml
糖漿	2ml	可可粉	適量

浮在上方的奶泡，製作時必須呈現極為細緻的泡沫質感。為了享受泡沫的口感，製作奶泡時，泡沫比卡布奇諾使用的奶泡多出2成左右。此外，當牛奶過熱時，將會失去獨特的甜味，以蒸氣打奶泡時，請注意溫度必須保持在62℃左右。注入奶泡的時候，為了避免起司結塊，請一邊攪拌，並且分兩次注入。

1

依順將馬斯卡彭起司、奶油利口酒「Baileys」、糖漿放入耐熱的玻璃杯中。為了方便稍後攪拌，湯匙可以直接留在杯中。

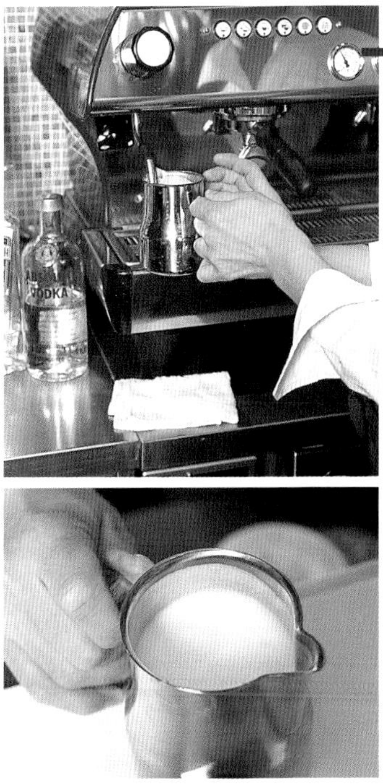

2

製作蒸氣奶泡。打奶泡時，注意泡沫要多一點，用拉花杯的底部敲打工作台，消除較大的氣泡，製作泡沫均勻、滑順的奶泡。

3

將2的半量注入1的杯子裡，混合後倒入剩下的奶泡。如果一次全部加完，不容易與起司混合，所以分兩次加入，注入時需一邊攪拌。

4

從杯子中央倒入萃取的義式濃縮咖啡。重點在於等牛奶的泡沫在上方形成層次後，再注入義式濃縮咖啡。將可可粉灑滿整個表面。

UVA

店長 **手島義明**

Trattoria-Pizzeria-Bar
Salvatore

UVA指的就是葡萄。因為店裡正好有醃漬的萊姆葡萄乾，萊姆酒的香氣與義式濃縮咖啡非常對味，所以我想是不是能將萊姆葡萄乾用在花式咖啡上，完成的就是這個配方。萊姆葡萄乾可以沈到杯底，也可以放在鮮奶油上，感受葡萄乾的口感與風味，做為一款咖啡飲品，也可以令人感到驚喜。

1 倒入萊姆葡萄乾的醃漬汁液。醃漬汁液當中含有萊姆酒和砂糖。

2 再倒入堅果與杏桃利口酒Amaretto。

3 加入牛奶。使用低溫殺菌的牛奶。

4 以8~9g咖啡豆萃取義式濃縮咖啡25ml，倒入15ml。

5 輕輕地攪拌。只要全體混勻即可。

6 將萊姆葡萄乾置於杯底，注入5。

7 稍微打發鮮奶油，用攪拌長匙靜靜地倒在2的玻璃杯上。

8 裝飾糖雕，放上切碎的萊姆葡萄乾。

材料

UVA

義式濃縮咖啡	15ml	
Amaretto	5ml	
葡萄乾的醃漬汁液	7ml	
低溫殺菌牛奶	35ml	ARRANGED 可以改用Malibu Rum
葡萄乾（以萊姆酒、細砂糖醃漬）	5~6顆	
鮮奶油	90ml	
糖雕	適量	

這道配方加入萊姆酒的風味，也用了Amaretto利口酒。雖然它們都是香氣強烈的酒類，但與義式濃縮咖啡或牛奶都很對味，所以用在這個配方裡。由於配方裡少不了萊姆酒，如果想要加一點變化的話，可以改用香氣濃烈，和牛奶也很對味的椰子利口酒「Malibu Rum」。

Baci di dama

BAR DEL CIELO

咖啡吧台師傅 **荒井誠**

Baci di dama是義大利文的「貴婦之吻」。杜林（Torino）地區有一種同名的烘烤點心，我想著如果把它製成飲料的話…因而調配出這個配方，同時提供同名的甜點。玻璃杯裡最下方是用3種水果製成的自製醬汁，還有義式濃縮咖啡、奶泡。攪拌均勻後飲用，果肉和杏仁等各種不同的口感將在嘴裡混合。

材料

Baci di dama [1人份]

義式濃縮咖啡	25ml
自製水果醬汁	10g
奶泡	80ml
調溫巧克力（切碎）	5g
經烘烤的杏仁（切碎）	適量
自製餅乾	3個

以無花果與莓果系組合製成的水果醬汁，添增酸味與甜味，呈現深奧的風味。製作時不用果醬，而是以水果乾與新鮮水果製作，留下果肉的口感。用它們「結合」奶泡與巧克力，與義式濃縮咖啡形成一體感。最後放上堅果與巧克力，可以為味覺帶來刺激。

1 依序將水果醬汁、切碎的巧克力放進香檳杯裡。

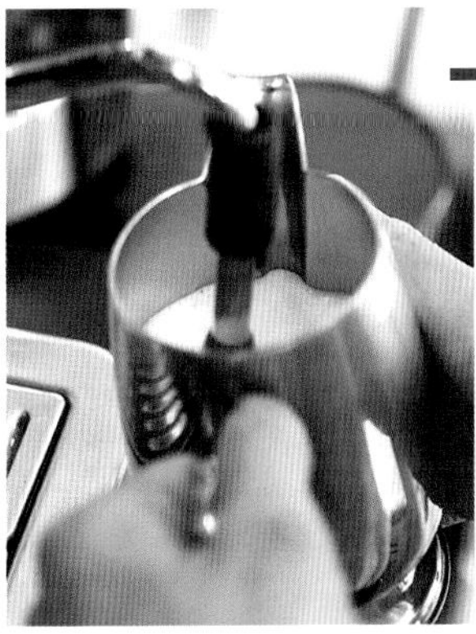

2 以蒸氣打牛奶，製作細緻的奶泡。

3 萃取義式濃縮咖啡。使用單側有注嘴的容器。

4 將2的奶泡注入1的香檳杯裡，接下來靜靜地倒入0的義式濃縮咖啡。用義式濃縮咖啡在奶泡表面留下幾滴痕跡。

5 用牙籤在義式濃縮咖啡的痕跡畫出愛心圖案。裝飾切碎的烤杏仁。與自製餅乾一起供應。

阿芙蘿黛緹Aphrodite

咖啡吧台師傅 **圖師聰**

Sol Levante

這是與附近的美術展共同合作的企畫，創意來自使用柳橙的甜點。柳橙和義式濃縮咖啡的酸味，加入鮮奶油融合而成的飲料。據說希臘神話當中，送給女神「阿芙蘿黛緹」的金蘋果其實是柳橙，再加上感恩節也會使用柳橙，所以用柳橙來表現春天。

材 料

阿芙蘿黛緹Aphrodite [1人份]

材料	份量	備註
義式濃縮咖啡	30ml	
柳橙汁	10ml	ARRANGED 可以改用莓果果醬或覆盆莓
鮮奶油	20ml	
巧克力醬汁	1湯匙	
砂糖	1湯匙	
糖漬柳橙果皮	1條	

使用以麥芽糖熬煮的柳橙醬汁，可以抑製柳橙的酸味。與義式濃縮咖啡相當對味的巧克力、柳橙的清爽甜味與酸味，只要加入鮮奶油就可以完美地合為一體。如果改用牛奶，柳橙則可以改用其他柑橘類、莓果果醬或覆盆莓。加入鮮奶油的口感香醇濃厚，口感極佳，可以於餐後或單獨飲用。

1 將鮮奶油、柳橙醬汁、巧克力醬汁放進調酒杯，充分混合。

2 將砂糖加入1的調酒杯裡，再度混合。

3 以略多於8g的咖啡豆萃取義式濃縮咖啡30ml，加進2的調酒杯裡混合。

4 在3的調酒杯裡放入冰塊後搖盪。

5 將搖盪後的飲料倒滿玻璃杯，將煙燻糖漬柳橙果皮的果肉部分朝向杯緣放置。

Allegro

Lo SPAZIO

副咖啡吧台師傅 永山守

Allegro是義大利文的「愉悅」。這是一款為女性設計的冰涼甜點。以shakerato（譯注：shakerato是冰的義式濃縮咖啡）為基底，加上義式冰淇淋呈現香醇的口感，再加上咖啡利口酒，不致於使味道過於溫潤。為了緩和酒精成分帶來的刺激，所以使用碎冰。飲料中還加了切碎的黑巧克力，這並不是為了讓人感到巧克力的甜味，而是為了讓飲用者享受喝到嘴裡的苦味與口感。

材料

Allegro

牛奶口味的義式冰淇淋	45g	ARRANGED 可以改用香草口味的義式冰淇淋
細砂糖	40g	
義式濃縮咖啡	23~25cc	
鮮奶油	15cc	
Borgetti	30cc	ARRANGED 可以用榛果利口酒或Amaro等酒類
碎冰	適量	
黑巧克力	20g	

這個配方為了烘托咖啡的香氣，所以選用內含義式濃縮咖啡，在目前容易取得的咖啡利口酒當中，咖啡香氣最濃烈的「Borgetti」。只要將「Borgetti」換成榛果利口酒或Amaro，又可以調配出不同韻味的香醇花式咖啡。此外，將牛奶義式冰淇淋改成香草口味，也是一種有趣的口味。

1 將稍微攪散的牛奶義式冰淇淋、細砂糖放入調酒杯裡。

2 再加入萃取的義式濃縮咖啡、鮮奶油和「Borgetti」。

3 用冰塊填滿調酒杯後搖盪。一直攪拌到義式冰淇淋與其他材料混合為止。

4 將稍粗的碎冰放入玻璃杯裡，再加入切碎的黑巧克力。

5 將搖盪後的飲料倒入4的杯子裡。

6 將削成薄片的黑巧克力裝飾在5的上方。

Caffe per Sasá

BAR DEL CIELO

咖啡吧台師傅 **川島史樹**

翻成中文即為「獻給沙薩的咖啡」。以前我和沙薩在義大利一起工作，我用我們常在一起飲用的咖啡來做變化，以獻給他。用藍柑橘香甜酒(Blue curacao)裝飾杯子，這個顏色會令人聯想到眼淚、天空或海洋等等。由於這個藍色將喚起人們各自不同的記憶，所以我懷著「悄悄開啟飲用者的記憶（心靈）的鑰匙」這個想法，供應時還準備了鑰匙型的湯匙。

材料

Caffe per Sasá [1人份]			
義式濃縮咖啡	25ml	Blue curacao	適量
奶泡	25ml	細砂糖	適量
Irish Cream奶油酒	1小匙	Irish Cream奶油酒	少許

我認為「咖啡吧台師傅的工作乃是為顧客的生活帶來刺激」。因此，我將在義大利咖啡吧裡用一般方式飲用的咖啡，在杯緣做裝飾，加上一點視覺的變化，完成一杯能夠留在人們心裡的咖啡。在杯緣沾取Blue curacao後，放在盛了細砂糖的容器裡轉動，讓砂糖沾在杯子上。再利用命名和色彩，增加故事性，為每個飲用者帶來各自不同的特別時光。

1 將Irish Cream奶油酒倒到杯緣已經裝飾好的玻璃杯裡。

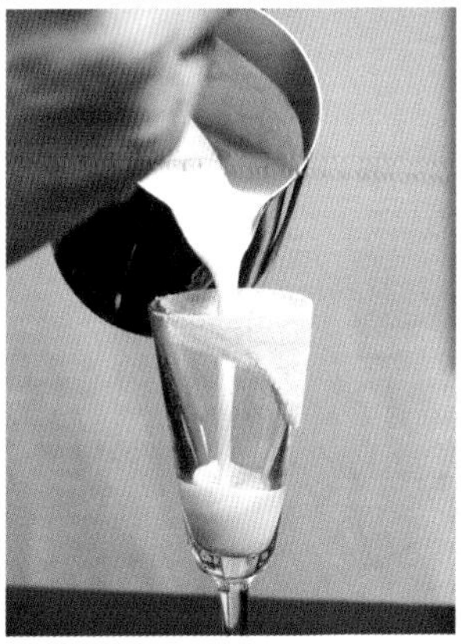

2 用蒸氣將微溫（約50℃左右）的牛奶打成奶泡，倒進1的杯子裡。

3 用一邊有注嘴的容器萃取義式濃縮咖啡25ml。

4 注入義式濃縮咖啡奶泡，再加上Irish Cream奶油酒。

Coffee × Espresso

精華版
咖啡Espresso教科書

這是一本提供專業咖啡師全方位的理論與實踐並用的書，從沖煮技術、咖啡機的科技到烘焙機的選配及咖啡豆的品種等等，不論你是為尋求咖啡專業知識，或是單純熱愛咖啡，都是你探索本書的理由。

21×28cm　128頁
定價450元　彩色

益形重要的綜合咖啡策略

人氣咖啡吧的「綜合咖啡」

戰略

一款基本的綜合咖啡，即可表現出該店對咖啡的想法、態度。在重視咖啡品質的現代，重視基本咖啡的店家才會受到大家的喜愛。講解人氣店家如何思考自家的綜合咖啡與戰略。

Bar del Sole

基本的咖啡

呈榛果色，飄浮著細緻crema的咖啡。

『Bar del Sole』是日本咖啡吧台師傅的先驅者，知名的橫山千尋開設的店舖。該店以「基於義大利的義式濃縮咖啡國際咖啡品嚐協會制定的定義」（橫山先生）為目標，忠實地重現道地的義式濃縮咖啡。

在協會的定義中，義式濃縮咖啡需混合5種以上的咖啡豆，以“220℃～230℃烘焙12 分鐘”製成。該店使用illy的百分百阿拉比卡咖啡，以9種咖啡豆混合而成。原產地包括巴西、肯亞、哥斯大黎加、瓜地馬拉、衣索比亞、哥倫比亞等國家。

橫山先生之所以採用illy的咖啡豆，剛開始的目的其實是想讓義大利的咖啡吧文化深入日本之中。因曾在義大利修業，這也是會使用該公司的咖啡豆的一個原因。再加上該公司的義式濃縮咖啡豆，更是世界知名的產品。創業之初，日本幾乎可說是完全不知道咖啡吧的存在，處於這樣的狀態下，使用世界聞名的咖啡豆，不僅可以透過前往國外旅遊的人們，在日本得到認知，在表現道地口味方面，也能獲得極大的信賴。

至於什麼樣的義式濃縮咖啡才算及格呢？橫山先生具體地說明如下。

「從外觀看來，呈現榛果的顏色，表面有光澤。細緻的crema（咖啡脂），表面有一點斑駁的狀態。含在嘴裡的味道是類似水果般的香氣，以及香草的芳香，還有黑巧克力的苦味。完全符合這3個條件的咖啡。嘴巴會覺得有一點黏黏的，而且味道甘醇。還有，只有剛泡好的咖啡才能充分地感受到芳醇的香氣。反過來說，只要缺少其中一項要素，就是失敗的咖啡。」

該店供應“世界級水準”的義式濃縮咖啡，對於追求道地風味的咖啡而言，必定有助於日本的咖啡吧市場蓬勃發展。

一杯義式濃縮咖啡的份量是25ml，萃取時間固定為25秒。

每次嚴密地檢查沖煮把手。完全清除上次剩下來的份量。

BAR DEL CIELO

基本的咖啡

『BAR DEL CIELO』的基本義式濃縮咖啡用咖啡豆，用的是「ALBERTO VERANI」公司的產品。以巴西聖多斯的阿拉比卡咖啡為主體，加上印度的羅布斯塔咖啡豆之後，展現強大的力量。特徵在於酸味與苦味的比例恰到好處，氣味香醇。

荒井誠店長至今已經數度走訪義大利，並且品嚐過各式各樣的義式濃縮咖啡，這款豆子就是其中之一。這款咖啡豆在義大利北部烘焙，比例均衡，同時具有強烈厚重的味道，因此從開業之初，就採用這種豆子。

荒井先生的目標是感覺就像義大利街頭才看得見的道地咖啡吧。也是一個能夠享受與顧客交流樂趣的空間。此外，咖啡吧台師傅川島史樹先生也認為「咖啡吧的魅力在於空間」。

「如果有100個客人，就有100種喜歡的味道，就算是同一個人，早上和晚上喜歡的味道也不一樣。與其把目標放在人人都喜歡的味道上，不如在顧客日常生活的一瞬間，為他們添加少許刺激。我認為呈現這樣的時間，正是咖啡吧台師傅的工作」

荒井先生說。因此，他選用完整呈現自己熟悉口味的咖啡豆，也就是「ALBERTO VERANI」公司的豆子來萃取義式濃縮咖啡。花式咖啡也是採用以這款咖啡豆萃取的義式濃縮咖啡為基底。

研磨咖啡豆的時候，使用高速迴轉的磨豆機。義式濃縮咖啡機LA CIMBALI公司的「DOSATRON M31」。這也是荒井先生在修業時期時使用的機器，於創業時購買的二手貨。咖啡機和咖啡豆都是自己用習慣的品牌，這台機器的最大魅力在於它的穩定性。再加上它和咖啡豆的調性極佳，又是很容易上手的機器，因此不斷地使用它。

一杯要用7~7.5g咖啡豆。細緻的crema和榛果般的色澤。

將咖啡粉放進濾器，用右手的手指將粉末推平。

將沖煮把手的凹起部分對準咖啡濾器，用雙手壓住進行填壓。

BARISSIMO

基本的咖啡

以自助式咖啡廳為主的DOUTOR咖啡（股）公司，為了次世代業種開發、創立的即為義大利咖啡吧『BARISSIMO』。為了擄獲人們對義式濃縮咖啡的熱愛，該店以咖啡吧台師傅製作的義式濃縮咖啡為中心。夜間則是以酒精飲料為主，採用兩種不同的營業風格。今後設店預計將以辦公大樓或鬧區為中心。

咖啡豆也是以該公司的烘焙技術為基礎，採用獨門技術。烘焙程度和咖啡豆的品質都很接近義大利咖啡豆，飲用時將會使人聯想到義大利的風味，然而店舖的概念在於與該區各種不同層級的人們交流，客層目標相當廣泛，所以避免極端的口味與香氣。該店的咖啡豆甜味、苦味、酸味適中，即使是喝不慣義式濃縮咖啡的人，也能夠享受它的風味。其中，使用該公司的獨家直火烘焙，引出類似餅乾的香氣，這是義大利的咖啡豆所沒有的味道，也主張DOUTOR的個性。

一杯義式濃縮咖啡是25ml。每次都萃取2杯，所以使用17g粉末。將這杯義式濃縮咖啡定位成基本的咖啡，也用於調製花式咖啡。調製花式咖啡時，

「由於花式咖啡的目的是讓顧客飲用美味的咖啡，所以必須讓人感受到基本的義式濃縮咖啡風味。」

該店的咖啡吧台師傅栗田榮一先生說。除了義式濃縮咖啡獨特的強烈個性，使用口味與香氣皆可滿足各種客層的個性化咖啡豆，企圖開拓咖啡吧的“門檻”，得到廣大的支持。

以直火烘焙的豆子。供應味道適中，嚐起來有如黑巧克力的義式濃縮咖啡。

敲打邊緣，排除粉末裡的空氣，讓粉末均勻分布於咖啡濾器裡的每個角落。

填壓將會影響咖啡的風味。用全身的重量，均勻、用力地按壓填壓器。

Dolce far niente

基本的咖啡

『Dolce far niente』的店長緒方雄正選用「ALBERTO VERANI」公司的義式濃縮咖啡豆，是為了接近自己理想中的咖啡吧。

開店當初，緒方先生的理想是位於北義大利地方，給人洗練印象的咖啡吧。在附近找尋咖啡豆的時候，遇上這款豆子。這款豆子具有北義大利纖細又優雅的部分，同時又非常強而有力，因此緒方先生很喜歡這一款咖啡豆。前往義大利的時候，也去參訪該公司位於米蘭的工廠，重新體會到它的優點。

前往義大利觀光的日本旅行者相當多，也有越來越多人在知名的北義大利享用美味的義式濃縮咖啡。因此緒方先生只採用自己喜歡，而且可以接受的咖啡豆，在日本打造義大利的氣氛，為了讓喜歡義式濃縮咖啡的人享用咖啡，因此選擇該公司的豆子。

萃取義式濃縮咖啡之時，即使沖泡單份，也會用濾器滴落2杯份。因為使用雙份濾器，咖啡的味道比較穩定。剩下的義式濃縮咖啡可以用來製作店裡提供的提拉米蘇或冰沙等甜點，並不會造成浪費。

萃取時必須注意幾點，首先是抹平粉末的方法。因為粉末磨得非常細，所以填在濾器裡的份量也比較多。將粉末裝入濾器後，從下方往上敲打，消除空氣，不要讓中間留下空隙。雖然不會很注意萃取的時間，但是很重視第一滴義式濃縮咖啡滴落的方式。滴落時稍微朝向內側，呈曲線狀落下就OK了。如果狀況不好的話，並不會換豆子，而是調整粉末粗細或填壓的強度。

即使開店已經長達3年半之久，依然不斷地鑽研萃取法，改良口味，完成的就是現在的口味。希望藉由這杯咖啡，推廣義大利咖啡吧的文化。

杯子上印的是表現咖啡滴落模樣的LOGO。

義式濃縮咖啡使用雙份濾器，每次都滴落2杯份。

用手心從下方輕輕地敲打濾器，使粉末密合。

espressamente illy

八重洲櫻花通店

基本的咖啡

illy是義大利當地的知名品牌，在全世界的知名度也相當高。對於冠上其名的『espressamente illy』來說，義式濃縮咖啡是充分發揮illy公司個性的象徵性存在。

從咖啡豆開始，只限定在該公司的農田生產的豆子，從當地購買已經通過該公司嚴格標準的產品，放入獨家篩選機，完全排除不良的咖啡豆。只用一種品牌，以產自巴西、非洲、印度的9種豆子混合。使用100%的阿拉比卡咖啡豆，特徵是豐熟的香氣與圓潤的口味。

其次是“用225℃12分鐘”深度烘焙。這種烘焙程度也很適合卡布奇諾或咖啡拿鐵等類加入乳品的飲品。接下來再用氣冷式冷卻咖啡豆。雖然採用水冷式冷卻比較有效率，然而選用花費時間與人力的氣冷式，會得到更高的品質。

接下來再用“加壓式包裝”將這些咖啡豆裝罐，寄送到各家店舖。充填咖啡豆的時候封入惰性氣體，使罐子內部呈真空狀態，以保持咖啡豆的鮮度。賞味期限可達36個月。

該店使用的是極細研磨。以義大利道地的義式濃縮咖啡口味為目標。這是一種氣味香醇，飲用後很清爽的口味。

該店的咖啡吧台師傅齋藤利德先生表示：「因為有很多喜歡義式咖啡吧的客人，還有illy的愛好者，所以為了隨時都能提供完全的義式濃縮咖啡，我總是與咖啡對話。」

萃取的重點在於填壓。注意用約20kg的力量用力按壓。此外，在該店點單份咖啡時，並不會用單份（30cc）濾器滴落，而使用雙倍（60cc）濾器。「因為這樣才能達到穩定的口味」（齋藤先生）。

由世界知名的illy供應的義式濃縮咖啡，是追求道地風味的飲品，非常受到顧客喜愛。

杯子上印著illy的LOGO，「義式濃縮咖啡」300日元。

使用機器時必須考慮是否適合咖啡豆，他們用的是LA CIMBALI公司的「DOSATRON」。

用蒸氣壓萃取25～30秒。即使只點一杯，也會萃取雙倍（2杯份）。

ENOTECA BAR Primoordine

基本的咖啡

『ENOTECA BAR Primoordine』以正統的義大利咖啡吧為目標，販售義式濃縮咖啡，他們推薦的是在站立式吧台喝咖啡的風格。供應的義式濃縮咖啡的價格為150日元，價錢幾乎和義大利差不多，這也是為了在站立式吧台飲用咖啡時，增加咖啡吧台師傅與顧客間的對話，使顧客更切身地感受義大利咖啡吧的風味。

一開始是咖啡吧台師傅與顧客之間的對話，通常在不知不覺間，就不需要透過咖啡吧台師傅，自然地與旁邊的顧客交談。當溝通的領域擴展後，義式濃縮咖啡就確實成為生活中的一部分，並且固定到咖啡吧來報到，這是該店的努力的目標。

該店供應的咖啡是PASSALACQUA公司的「mehari」。由阿拉比卡咖啡與羅布斯塔咖啡以6比4的比例混合而成。

咖啡吧台師傅阿部圭介先生表示，加入4成羅布斯塔咖啡的綜合咖啡，在日本相當少見，這個組合的勁道十足，酸性較弱，口味濃厚，是一款在南義大利相當常見的口味。阿部先生在義大利南部喝過這種衝擊性十足的咖啡後，就深深受到它的吸引，為了進一步在日本拓展這個口味與義大利的風格，希望這是一種隨手可得的風味，因此選用這種豆子。

咖啡吧台師傅篠崎好治先生表示，該店在萃取義式濃縮咖啡時，不用填壓器裝填。使用份量比8g多一點的細研磨粉末，放在濾器之中，使用磨豆機附屬的填壓器，輕輕地壓一次，使粉末結合後萃取。由於粉末的份量比較多，因此不用強力裝填，也能得到足夠的壓力，減少用填壓器裝填時，對風味的影響。萃取狀態不佳的時候，會調整研磨狀態，將粉末磨得更細。由於加入較多羅布斯塔咖啡，不需長時間萃取也可以充分呈現咖啡的質感（body）。

敲打咖啡濾器，使裡面的粉末均勻分布，輕輕撫平表面。

使用nuova公司製造，性能穩定的義式濃縮咖啡機。

站著飲用義大利南部的風味，順便享受對話。

八百咖啡店

基本的咖啡

『八百咖啡店』目前提供分別由4個人製作的烘焙咖啡豆。採訪的時候，用的是石川縣「二三味珈琲」和大分縣「豆岳珈琲」烘焙的豆子。「二三味珈琲」的咖啡豆以新幾內亞產的豆子為基底，混合坦尚尼亞的纖細風味以及巴西咖啡豆的苦味，「豆岳珈琲」則是在哥倫比亞與巴西咖啡豆中，加入非洲咖啡豆提味，特徵是豐富的香氣。其他還有東京的「中川Wani咖啡」和大阪「TIPOGRAFIA」的咖啡豆。

這些咖啡豆全都是曾田顯先生和史子小姐親自前往當地，與烘焙者直接洽談，並且參觀烘焙情景之後才決定訂定契約。因為曾田先生認為烘焙和煮菜一樣，了解烘焙者用什麼樣的心情表現咖啡豆，這一點相當重要。理解、認同暗藏在咖啡豆裡的情緒，站在介紹者的立場，每天供給顧客咖啡。如此一來，顧客就看得到製作者的“臉”，並且對品質產生信賴，感到安心，顧客可以更深入地享用他們的咖啡。

曾田先生注意的重點在於後味十足，味道稍濃的咖啡。該店的咖啡全都採用虹吸式沖泡，這種方式的魅力在於它可以呈現咖啡豆原本的味道，這是用手工滴漏式不易表現的部分。

每杯咖啡使用24g咖啡豆，萃取180ml。混合磨好的咖啡豆，去除靜電，再放在機器裡，熱水加熱到93℃左右。溫度的標準是從過濾器上的鍊子冒出氣泡，將上壺插好，熱水將會昇到上壺，當熱水接觸到咖啡豆時，溫度會降到87℃。以這個溫度為重點，以稍微高於87℃的溫度萃取，使熱水迅速上昇，充分萃取出香味。途中充分攪拌一次，待形成層次後，使咖啡降到下壺。

分辨每種咖啡豆狀態最好的日子，萃取咖啡。

分辨熱水的溫度，在最好的時機插入上壺。

攪拌時不要破壞上層，只攪拌中間。

合羽橋咖啡

基本的咖啡

雖然濃厚，但是口味適中，就算每天喝也不會膩。

合羽橋是東京西淺草的通稱，是一條有名的道具店街。2004年開幕的『合羽橋咖啡』，就位在道具店街道的外圍。目標客群為前來道具店街的人們和當地民眾，基本上它是一家在“飲茶店”的架構下，販售咖啡的店家。

他們的咖啡豆除了有機栽培的豆子之外，都是創業以來一直沿用的豆子，用的是由神戶萩原珈啡烘焙的咖啡豆。使用濾紙萃取，最常用的咖啡是中深度烘焙的「Mild blend」。咖啡豆由哥倫比亞、摩卡、巴西等3種混合而成。帶有適度的苦味與溫和的酸味，雖然口味濃厚，卻是最受喜愛的風味。由於前往附近購物的男性顧客比較多，年齡遍及年輕人及年長者，當這些客人到店裡休息的時候，氣味濃厚但口感溫和的「Mild blend」就成了他們的最愛。

該店會等到點單之後才進行研磨與萃取。使用的機器是FUJIROYAL製造的Mill R-440。粉末的粗細方面，Mild blend是4.5，冰咖啡是5，花式咖啡則用3.5研磨。

將研磨好的豆子放在濾紙之中，每次只萃取1杯。每一杯的份量，是14g中細研磨的粉末。注入90～92℃的熱水，以沙漏計時悶蒸30秒左右，接下來以攪拌粉末的感覺，再次倒入熱水。這個工程可以引出咖啡的美味。

等到濾紙裡的粉末大約滴漏到2/3左右時，第三次倒入熱水。這時的熱水分量較少，只要補足份量即可。倒到以熱水溫熱過的杯子裡上桌。悶蒸到萃取的時間約1分半左右。差不多用160ml的熱水，萃取出140ml咖啡。

品項除了「綜合」之外，也準備幾種單品的「本日咖啡」。如果用綜合咖啡調製花式咖啡，氣味方面可能稍嫌不足，所以冰咖啡用法式烘焙的豆子，粉末比較細。

悶蒸約30秒。緩緩倒入90~92℃的熱水。

第二次則是以攪拌粉末的感覺，一口氣倒入熱水。

基本的咖啡

『LIFE』的義式濃縮咖啡除了這次所用的ALBERTO VERANI公司的豆子，還有UCC公司的「Storia」，視情況分別使用2種不同的咖啡豆。「ALBERTO VERANI」萃取的義式濃縮咖啡，特徵是氣味清爽、深奧，加入砂糖也很對味，喝起來香氣非常豐富，可以充分品嚐到義式濃縮咖啡原有的美味。這款咖啡豆除了在餐後飲用之外，單品也可以在任何情況下飲用。「Storia」則具有咖啡特有的苦味與厚重感，通常在午餐後供應這款咖啡，喝用時可以直接感受它的味道，令人留下深刻的印象。

咖啡吧台師傅山下薰史說：「我希望顧客在義式濃縮咖啡得到更多驚奇與發現」，抱著這個想法，每天供應義式濃縮咖啡。該店以義大利的佛羅倫斯料理為主，顧客中有九成都是來用餐的客人。因此，顧客通常在餐後飲用義式濃縮咖啡，為了讓加強義式濃縮咖啡的衝擊性，山下先生判斷像「Storia」這種豆子最適合做為緩衝。此外，該店的花式卡布奇諾也很受歡迎，充滿義大利風味，以ALBERTO VERANI的咖啡豆萃取義式濃縮咖啡，供應花式卡布吉諾。花式飲料在製作時也會注意是否適合搭配餐點。在努力保持店舖風格與概念的同時，展現義式濃縮咖啡的魅力，讓人們對它更加熟悉，將目標放在打造一個重視與顧客交流、與附近人們溝通的店舖。

該店在萃取義式濃縮咖啡的時候，粉末研磨較細，份量也稍微增加，比8g多一點。細緻的粉末，不需要以填壓器用力按壓，只要輕輕往裡壓，使表面平整即可。充分提昇濾器內的密度與萃取時的壓力，因此每次都能煮出穩定的味道。製作花式咖啡的時候，可以使用特濃義式濃縮咖啡。特濃義式濃縮咖啡可以抑制苦味，呈現新鮮咖啡豆的味道，比較容易與其他材料搭配。

增加粉末的用量，裝填時只要將表面撫平即可。

用眼睛確認萃取速度是否過快。

強而有力的味道，超越顧客期待，帶來意外的驚喜。

Lo SPAZIO

基本的咖啡

2002年於東京學藝大學開店。從開店至今，『Lo SPAZIO』已經培育多名實力派的咖啡吧台師傅。

該店的概念是直接採用「北義大利街頭可見的咖啡吧」風格。當時還沒有咖啡吧這種業種，考量包含高所得族群、旅行者等等長時間在國外生活的人，以及高級住宅區附近的私人鐵道沿線，外籍居住者也很多的地方，因此選擇現在這個地點。

店裡用於義式濃縮咖啡的豆子，是產於北義大利的「ALBERTO VERANI」。當野崎晴弘老闆第一次前往義大利的時候，他在當地喝到非常美味的義式濃縮咖啡，為了重現那杯美味的咖啡，因此選了這款咖啡豆。特徵是質感紮實，具有阿拉比卡咖啡特有的酸味。雖然它在義大利是非常普通的豆子，味道在義大利也算普通，儘管了解這個情形，老闆還是刻意將它帶到日本，並且持續使用。

「如果將高品質又特別的東西帶進日本，一旦普及之後，它的品質就會成為標準的味道。然而特別的咖啡豆價格比較昂貴，所以售價就不得不訂得比較高。這樣一來就無法表現本店的概念『街頭咖啡吧』的日常性了。我想要將義大利平常“有義式濃縮咖啡的生活”，普及到日本。因為我有讓義式濃縮咖啡文化在日本生根的想法，所以故意使用這款豆子。」野崎先生說。

「在男性化的紮實質感中，有包含了女性化的纖細酸味」，野崎先生用這句話來表現該店以「ALBERTO VERANI」咖啡豆製作的義式濃縮咖啡。

簡單又不容易故障，所以使用LA CIMBALI公司的機器。

義大利人的生活使用硬水，日本卻使用軟水，然而義大利人在萃取義式濃縮咖啡時，會用濾水器將水質改成軟水，所以水質對味道並不會造成影響。

為了呈現義大利的日常風味，刻意選擇的咖啡豆，再加上咖啡吧台師傅在萃取技術與待客方面的優良品質，充滿魅力，在該店可以感受到與道地咖啡吧一模一樣的氣氛。

AUX BACCHANALES GINZA

基本的咖啡

為了表現義式濃縮咖啡的魅力，重視平衡與個性。

咖啡豆的份量為每杯7.5~8g。萃取時才磨豆子，使用新鮮的咖啡粉。每杯義式濃縮咖啡為25~30ml。

從正上方填壓，使咖啡濾器內的粉末密度均一。

『AUX BACCHANALES GINZA』以東京為中心，並且在京都與博多等地共開設7家店舖。位於人來人往的鬧區，重現具有巴黎風格的道地氣氛，是一家咖啡廳兼餐廳兼麵包糕餅舖。

該店使用的咖啡豆是CARAVAN COFFEE的「AUX BACCHANALES BLEND」。由AUX BACCHANALES所有店舖都使用的獨家綜合、巴西、哥倫比亞、肯亞、越南等咖啡混合而成。特徵是經過4星期到1個月的時間熟成，引出它的甜味，具有巴西咖啡馥郁的甜味、醇厚的苦味。

一般而言，在法式咖啡廳飲用的咖啡，多半會令人聯想到咖啡歐蕾。然而該店雖然用心打造正統的氣氛，客層方面則設定為喝咖啡時喜歡搭配牛奶的咖啡歐蕾或卡布奇諾等女性族群，還有習慣飲用咖啡的外國顧客。因此，供應的咖啡在個性與口味都很豐富，品質極佳，與牛奶的甜味相比毫不遜色。

AUX BACCHANALES成立之初，在選定口味的時候，與其選擇符合店舖氣氛的法國風味，反而選了義大利個性豐富，長久以來受到大家喜愛的傳統口味。從AUX BACCHANALES開業以來，一直供應相同的口味，並且受到顧客的信賴。

與其供應適合牛奶的美味咖啡，不如販售口味不會被牛奶蓋過，義式濃縮咖啡存在感強烈的咖啡，未來也打算在義式濃縮咖啡上下一番工夫。

每杯義式濃縮咖啡使用7.5～8g咖啡豆，萃取出25～30ml。每天約有500～800人次光臨，未來希望致力於提高咖啡豆的品質，使它成為日常生活中的飲品，並且提昇咖啡吧台師傅的水準。

Reels西洋釣具珈琲店

基本的咖啡

使用自家烘焙的『Reels』，供應的基本咖啡主要是以虹吸式萃取的咖啡。用虹吸壺沖泡的咖啡，最大的魅力在於可以直接呈現從豆子萃取的味道，因此為了讓顧客享用烘焙後個性豐富的咖啡豆風味，虹吸式是最適合的萃取方式。Reels Blend是由哥倫比亞、巴西、摩卡、瓜地馬拉咖啡混合而成。

該店準備了13種單品咖啡，3種綜合咖啡（1種是冰咖啡專用），每天取一種做為今日咖啡。這是因為該店的地點遠離鬧區，多半是每天都來光臨的主顧客。此舉不但能讓顧客每天都享用不同的味道，而且顧客也可以從中找到自己喜歡的口味，點自己想喝的咖啡。

該店會隨著季節稍微改變烘焙的狀況，春初烘焙得比較淺，冬天則烘焙得比較深。這是為了修正飲用者隨著季節而改變的味覺。此外，新的咖啡豆在萃取時容易過度膨脹，所以用虹吸式萃取時，比較不容易出味，這時候會將豆子先放置幾天，等到味道出來了再使用。同樣的咖啡豆也會依天候狀況略微不同，為了瞭解使用時會呈現什麼味道，每天都不曾怠惰，早上會先萃取一次，以檢查咖啡的品質。

從咖啡豆到萃取都經過店長嚴格管理的咖啡。

熱水以點滴狀落下，所以萃取到最後都不會結塊。

等攪拌後浮起的豆子沈到底部，再一次混合均勻。

Trattoria-Pizzeria-Bar Salvatore

基本的咖啡

『Salvatore』原本是一家披薩店，後來在2005年整併加入咖啡吧。店面位於車站後方的商店街，周遭有許多大公寓、辦公大樓，為了這些客群，因此增設咖啡店的機能。

在義大利的咖啡吧裡，義式濃縮咖啡並不是飲用的“商品”，而被人們定位為溝通的工具。因此，該店的概念是降低價格與氣氛的“門檻”，將義式濃縮咖啡視為溝通上的工具。

照片下左為「KIMBO」，右邊是「Passarqua Mehari」的豆子。

原本店裡就有許多南義大利料理，所以採用來自南義大利的豆子。最特別的就是他們分別使用3種不同的咖啡豆。該店以義大利人為首，有許多習慣使用咖啡吧的客人。因此，為了儘可能地滿足各種不同的嗜好，準備了許多咖啡豆。

第一種是「KIMBO」，第二種是「Passarqua Mehari」，第三種則是不定時更換的豆子。

「KIMBO」的烘焙程度比較淺，所以水分含量比較多，採用粗研磨，填壓時比較輕。每杯的份量是7g。特徵是具有咖啡豆原有的酸味和新鮮的水果氣味，質感溫合，非常高雅。

「Passarqua Mehari」用中度研磨。每杯的份量為9～10g。這是一款義大利人相當喜愛的豆子，可說是“南部的義式濃縮咖啡”風味。苦味比較重，香味也很濃烈，花式咖啡便是採用這款豆子。

該店對於義大利產的豆子並沒有特別的偏執，有時候會請國內的烘焙業者簡報後再決定，也會請他們烘焙適合店裡的咖啡豆。

「在一個好的咖啡吧裡，有一些只有在這裡才能喝到的飲料。我希望能夠提昇包含服務品質在內，義式濃縮咖啡的綜合魅力。」

該店的目標是與地區緊密相連的咖啡吧，因此採用口味廣泛的咖啡豆，配合顧客的嗜好調味。

機器旁邊放著裝了3種不同豆子的研磨機。

Sol Levante

基本的咖啡

『Sol Levante』主要供應義大利甜點，他們的義式濃縮咖啡用的是「小川珈琲」的綜合咖啡豆。豆子用的是薩爾瓦多、巴西、衣索比亞、印尼等4種混合的豆子。咖啡吧台師傅圖師聰先生表示，他以研修時使用的北義大利「ALBERTO VERANI」公司的豆子為基礎，在這個綜合咖啡中表現濃厚的質感，清爽的酸味與高雅的風味。

為了表現在義大利長年培育出來的義式濃縮咖啡傳統口味，再加上可以搭配義大利甜點的義式濃縮咖啡，根據這2個條件，從開店當時就一直使用這款綜合咖啡。店裡的客群幾乎都是女性，範圍相當廣，涵蓋範圍從十幾歲到六十幾歲。而且店鋪位為表參道，這是一個富裕階級比較多、雅緻的地方，外國的客人也很多，因此必須為挑嘴的顧客提供優質的口味。基於這些理由，他們希望一邊維持在義大利淬煉而出的口味，並且加上「Sol Levante」的風味，並且逐漸定型。

該店以在餐桌區用餐一邊享用義式濃縮咖啡為主，入口左手邊也有站立式吧台。對日本人來說，飲用義式濃縮咖啡還是一件特別的事情，所以並沒有義大利人日常飲用的習慣。常客會在站式立吧台飲用，與咖啡吧台師傅聊天，同時當還不熟悉義式濃縮咖啡的客人來到吧台時，也可以由顧客向他說明這種型態的魅力，所以站立式吧台是不可或缺的。

萃取2杯義式濃縮咖啡時，使用多於18g的咖啡豆，萃取30ml。將粉末放在咖啡濾器內，用力按壓填壓器，最好的萃取時間以28秒為基準，一邊查看萃取液體滴落的情況，調整研磨的情況。記住義式濃縮咖啡最好喝的味道、萃取的情況，萃取時嚴格遵守基本的程序，這幾點非常重要。

呈現華麗又高雅的抽象形象。

用力裝填、固定研磨得比較粗的粉末。

檢視有如蜂蜜般滴落的狀態與顏色。

杉山台工房

基本的咖啡

義式濃縮咖啡的豆子要花一段時間才能融合，烘焙後會放置一天再使用。

店裡最常供應的「中濃綜合」。不管是剛烘焙好，還是3天後，味道都很好。

使用自家烘焙的『杉山台工房』，提供用法蘭絨濾網萃取的「淡」、「中濃」、「濃」等3種綜合咖啡，與義式濃縮咖啡。風格相當獨特。

老闆北川整在經營店舖之前，就對咖啡很有興趣，甚至曾經自行烘焙。他認為綜合咖啡才是表現店舖實力的標準，於是構想了供應3種綜合咖啡的店舖，然而他認識義大利濃厚的義式濃縮咖啡，並且想以街頭常見的義大利咖啡吧為基礎，以「融合咖啡裡的日本與義大利」為概念，於2004年創業。

綜合咖啡「淡」、「中濃」、「濃」是容易理解的命名，這也是為了通往濃厚義式濃縮咖啡的跳板。

烘焙時，引出生咖啡豆的個性，配合豆子的狀態、季節、熟成度等因素，製作3種綜合與義式濃縮咖啡用的咖啡豆。口味方面以「只有這裡才喝得到」、「特殊的氣味」為主題，義式濃縮咖啡則是日本人容易飲用的口味。

雖然處於鎌倉，但是店面位於觀光客較少的老商店街。希望藉由咖啡的魅力成為地方人士“喜歡的店面”，並且將店舖定位為義大利人心目中的咖啡吧。

第二次倒熱水時，讓水鼓到表面，完美呈現熱水注入的軌跡。

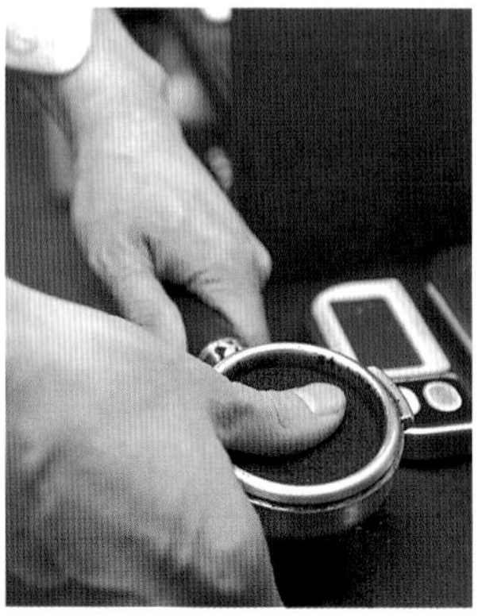

用填壓器壓過一次後，再用手指確認狀態。

獻給以後想成為
咖啡吧台師傅的人

通往「頂尖咖啡吧台師傅」的方針

想要成為一位實力堅強的咖啡吧台師傅，需要哪些資質，又要用什麼樣的視野來學習呢？這是給未來想成為頂尖咖啡吧台師傅的年輕人的建議。

與其成為創造記錄的咖啡吧台師傅，不如以當一個留在人們記憶裡的咖啡吧台師傅為目標，帶給人們喜悅！

Bar del Sole
橫山千尋

明確訂立自己的方向性，注重細節，逐步打造自己的店鋪

最近有不少人乘著近年來的咖啡熱潮，到咖啡店工作之後再創業。在這個過程中，我們必須考量的是明確訂立自己的方向性，你的概念是什麼？店裡要販賣哪些商品呢？還有掌握顧客的需求。

開始工作之後，方向性將會分為想要成為「萃取者」，或是「工匠」，從形態方面來說，義大利咖啡吧或西雅圖系咖啡店的咖啡吧台師傅是萃取者，咖啡專賣店這類可以說是工匠。只果沒有明確地找出自己要以什麼方向為目標，可能會學到錯誤的知識，事後也許必須付出慘痛的代價。

其中，有一點必須請各位注意，有很多人在了解義式濃縮咖啡之前，就貿然投身於這份工作。首先最要緊的一件事是，了解店裡的咖啡豆是否充分地發揮它的味道呢？隨著了解咖啡豆的味道，在學習表現能力的同時，讓自己的技術開花結果。然而還有一點要請各位注意，請不要採用狂熱的學習方式。用這種方式學習並不會成為技術，只是和雜學相去不遠的知識，而且這些知識並無法呈現於顧客的眼前。

等到要開店的時候，首先要考慮打造適合自己方向的店鋪。例如在選擇義式濃縮咖啡機的時候，請從機能方面來理解這台機能。你的店風格如何呢？想要調製什麼樣的飲料呢？選擇機器時，必須理解機器的氣壓或萃取的穩定度，因為每個構造都是為了配合用途製造而成的。決定機器後，就能決定如何選擇周邊工具以及相關物品。此外，從店裡的裝潢也能看出你對顧客的關心程度。例如在『六本木Bar del Sole本店』裡，就連櫃台也是考慮過咖啡吧台師傅與客人的距離後建造的。將站立式吧台調整成客人站起來最舒適的高度，客人站立的那一側地板採用木質地板，適度地遮蔽以免顧客看到太多櫃台內的作業等等，細節能夠表現自己的概念，展現這個部分相當重要。

為了 1 杯飲料，了解所有相關的道具

所謂的咖啡吧台師傅，換句話說，和 F1 賽車選手是一樣的。賽車選手擁有最新科技的高級機器與賽車場，在許多人的支援下，在賽車場上馳騁。咖啡吧台師傅就像是 F1 賽車手，必須窮盡自己的技術、知識，使用機器製作 1 杯飲料。而且他必須將對顧客的心意放在 1 杯飲料裡，供應給客人。如果只會開車的話，一般的賽車手也能辦得到，咖啡吧台師傅必須熟知自己使用的機器構造，在任何狀態下，都可以穩定地發揮機器的最大限度。例如用蒸氣加熱牛奶的時候，為什麼會形成奶泡呢？施以蒸氣後，牛奶會產生什麼作用，變成什麼樣的狀態呢？咖啡吧台師傅必須理解一切的細節。充分地消化自己進行的每一項作業，成為自己的技能，才能持續地供應每位客人相同品質的飲料，鞏固這些基礎之後，方能開拓咖啡吧台師傅的視野。

除了咖啡之外，咖啡吧台師傅也要了解其他各種食材。這個食材有什麼特徵呢？有哪些用法呢？必須逐漸累積知識。正如廚師和調酒師常常走上咖啡吧台師傅之路，因為咖啡吧台師傅必須累積許多知識、經驗、創造力與想像力，組合口味的方法，並且帶給他人感動與喜悅。

學會基礎技術，為顧客驅使創意與想像力

以每年越來越熱鬧的咖啡吧台師傅大賽為目標，訂一個目標之後，磨練自己的技術，不僅可以提高個人的意識，也可以學到高水準的經驗與知識，非常有意義。此外，必須注意的是訓練與表演並不是只為了大賽而準備的，而是為了顧客。如果過度拘泥於大賽與記錄，即使榮獲優勝，大多數的人一下子就被人們淡忘了，如此一來，不僅無法將你的表演呈現給顧客，也會違反特地來訪的顧客的期待。不要只為了大賽費心準備，對咖啡吧台師傅而言，重要的是在實際現場操作時，是否也能提供給顧客相同的飲料。

製作花式飲品的時候，常用糖漿、醬汁、酒精成分或打發鮮奶油，它們都比較甜，這些材料在處理上比較簡單，比較容易用於花式飲料。但是這時必須請大家思考一下，大致可舉出以下 3 個問題：咖啡吧台師傅的形象是否完整地反映在飲料上呢？是否了解各種材料的用法呢？這杯飲料是否能夠供應呢？。

舉例來說，說連冰塊也是，為什麼要用方形的冰塊呢？碎冰可以製作哪些飲料呢？咖啡吧台師傅必須具備充分的了解。此外，經常著眼於與咖啡無關的事物，培養創意與想像力，就可以掌握顧客的需求。在技術層面來說，例如製作4人份卡布奇諾的時候，是否能夠製作出4杯份量、品質完全相同的飲料，這也是一個重點。這是經過訓練的累積，在使用材料、順序方面完全沒有多餘的流程。為了帶給每位顧客喜悅，必須製作品質相同的飲品。咖啡吧台師傅的等級就在於是否能夠學會高水準的基礎。

◆ ◆ ◆

個人檔案

2002年、2004年日本咖啡吧台師傅冠軍。拉花藝術國際大賽亞軍。日本首位義大利認定的咖啡吧台師傅。此外，他也是義式冰淇淋工匠的先驅。2002年開創『Bar del Sole』。是首位在日本成立義大利咖啡吧的人，目前透過講座，致力於培育咖啡吧台師傅。

不要只偏重咖啡的技術，以具備個人魅力的咖啡吧台師傅為目標！

GREENS Coffee Roaster
巖 康孝

提供感動人心的服務是咖啡吧台師傅的重要資質

這幾年我的店裡也有越來越多熱情的年輕人，表示想要學習成為咖啡吧台師傅，提高咖啡的技術。但是有很多人是到了店裡突然問櫃台萃取法或咖啡豆的事情，或是直接表明他想在店裡工作，因為實在太突然了，我們也常常目瞪口呆。

由於新聞也大肆報導國內大賽或世界大賽的消息，社會上也逐漸地認識咖啡吧台師傅這個工作了。在這個狀況下，我也理解現在的人們非常有興趣學習。正因為如此，我比較關心的反而是未來要成為什麼樣的咖啡吧台師傅。那就是「感動人心的服務」。這對於咖啡吧台師傅或是必須接待客人的行業來說，都是非常重要的資質之一。

現代是個資訊化的社會，藉著網路的普及，成為一個多數人共享大量資訊的世界。我甚至認為網路這類資訊已經有點氾濫了。因此我和同年代的人或長輩相比，對於最近遇到的年輕人，他們掌握資訊的方法，常常會覺得“感覺不太一樣”因此感到有些疑惑。

在網路上只要瞬間就可以查到各種事情。甚至只要丟出疑問，馬上就會有人回答。如此一來，世界彷彿就在自己身邊，我想因此有許多人面對第一次見面的人，也認為「只要我問問題，他就會回答我」吧。另一種情形是，因為處於網路的世界，學會過多的知識，所以懷抱著「我也處於咖啡吧台師傅的世界」的意識熱心過度之餘，就無法看到四周，人們常常都會這樣。這種熱情非常美好。但是光靠熱情，即使擁有再多才能，是否能夠成為咖啡吧台師傅這麼有魅力的人呢？

我想目前依然很活躍的咖啡吧台師傅們都是一樣的，在原料、烘焙、萃取技術、卡布奇諾的製作方法……等等咖啡吧台師傅的技術上，不管是哪一種都是靠著自己學習、親身體驗才學會的。

這些大部分都是感覺方面的事物，並不是用一句話就可以教給別人的。

再加上有時候這個人的技術水準也許不夠，光靠簡單的回答並無法理解。

而教導的人在不了解發問者的情況下，也不明白他的理解狀態。說不定有些時候對方會認為這是對他的批評。如此一來，我們就無法放心地提出建議與指教了。咖啡是一種與他人溝通的手段，基本上我認為人與人之間的溝通相當重要。

想沖泡一杯好咖啡，咖啡吧台師傅的技能是其中一個條件，卻不是絕對的條件。還要臆測與顧客（對方）的距離感，要如何為對方著想。不論在任何時間，任何場合，對咖啡吧台師傅來說，我認為這都是極為重要的條件。

咖啡吧台師傅＝社會人士

至於禮儀方面也是相同的。我希望各位咖啡吧台師傅在磨練咖啡技術的同時，也要學習身為社會人士的自覺與禮儀。

在社會這個大型組織裡工作時，總會有許多工作和想法都不一樣的人，有時候為了推動自己的工作，必須和比自己年齡差距相當大的人順利地溝通。有時候甚至會遇到價值觀完全和自己格格不入的情況。如果想要突破僵局，必須具備社會人士的禮儀，以及某種程度的教養。這一點用在店裡也非常有用。

我在這家店開幕之前，曾經在父親65歲才開始經營的咖啡店幫忙。那家店的顧客和我父親差不多，年齡層都比較高。在與這些人生經驗豐富的人們應對之中，如果你沒有某種程度的教養，在接待的時候也只能點頭附和，根本沒辦法與客人對話。如此一來，我認為顧客應該沒有得到滿足。

如果將來打算開店，到店裡來的並不會只限於和你同年代的年輕人。在某些地點或時間帶，非目標年齡層的客人到店裡來，這個可能性並不能說是零。想要得到廣泛顧客的支持時，我認為身為社會人士的禮儀與教養是有必要的。

想要提昇禮儀與教養，帶來更好的工作品質時，將目光朝向外面的世界相當重要。想要做好工作，我想培養一個社會人士的平衡感也相當重要。

因此我認為這不是「咖啡吧台師傅的禮儀」，而是「身為社會人士的禮儀」，是因為比起工作上的知識，我反而比較希望各位學習一個身為「人」的應對進退。你們看越頂尖的人，他們的平衡是不是越好呢？

為了使一般人士廣為認定咖啡吧台師傅這個職業，請不要偏重在咖啡上，我比較希望有越來越多具備人性魅力的咖啡吧台師傅。

在未來，能者與拙者的差別將會逐漸拉大。追求技術當然是必要的，千萬不可以在這方面怠慢。然而，只有做到這一點並不夠充分。只要加上溫暖的人性，就會成為一個很棒的咖啡吧台師傅。

我認為這10年是咖啡廳與咖啡吧的過渡時期。義式濃縮咖啡備受矚目，環境也不錯，大賽也很盛行。咖啡吧台師傅活躍的條件已經備齊了。但是現在熱心學習的年輕人，在5年後、10年後，是否會從事與咖啡有關的工作呢？

咖啡廳與咖啡吧，並不是靠咖啡的技術就能夠生存下去。為了長久維持，必須具備店家的總合能力。我本人也是每天不停的學習，透過咖啡，致力於磨練自己的人格。咖啡吧台師傅並不是只有技術，請不要忘記心靈也很重要。

◆ ◆ ◆

個人檔案

『GREENS Coffee Roaster』店長。大學時期參加棒球社，並且在飯店就職。2000年起繼承老家的咖啡店，2005年創業。參加日本咖啡吧台師傅的虹吸式部門，於2001年與2004年榮獲2次冠軍。出生於神戶。

咖啡吧台師傅「職業」上的實力，始於養成自己思考本質的習慣

Lo SPAZIO
野崎晴弘

重點在於藉由「溫故知新」，努力學習咖啡吧充滿魅力的本質

想要成為咖啡吧台師傅的朋友，還有現在正在學習，鑽研咖啡吧台師傅技術的朋友，希望各位不要忘記一個大前提。

那就是希望各位將咖啡吧台師傅設想成一個「職業」。所謂的咖啡吧台師傅，並不是站在義式濃縮咖啡機前的“職稱”。所以，即使在進行咖啡以外的工作時，還是要做一個咖啡吧台師傅。

對咖啡吧台師傅而言，他的工作並不是只有泡咖啡。接待客人的重要性，幾乎等同於沖泡美味的咖啡。然而在咖啡吧或咖啡廳接待客人，和飯店或餐廳接待的不同之處，在於不用過於恭敬。接待時，稍微降低與顧客之間的“圍牆”，讓顧客得到少許的滿足感。再加上咖啡或酒類，這才是咖啡吧或咖啡廳的魅力。

基於上述的大前提，學習當一個咖啡吧台師傅時，我認為「溫故知新」是一個重要的提示。

基本上，咖啡吧和義式濃縮咖啡是在義大利社會中培育出來的飲食文化。因為這個緣故，我開始思索為什麼是義大利呢？為什麼會孕育出義式濃縮咖啡呢？並且自己尋找答案。

例如義式濃縮咖啡吧，我曾經想過是不是因為有人無法滿足咖啡原來的風味，所以開發出來的呢？思索這些“原點”也很重要。

如此一來，就會發現義式濃縮咖啡本身的優質，以及重要性有多麼彌足珍貴。雖然打出完美的奶泡，還有描繪美麗的拉花也很重要，但是那又是另一個高層次的技術了。最重要的基礎還是咖啡，希望各位體認咖啡的口味還是首要重點。請不要懵懵懂懂的了解，而是打從心底去感覺。

最近有許多講究豆子的咖啡廳。雖然重視咖啡豆的品質也很重要，但是我認為咖啡吧台師傅原本的工作，是將咖啡豆的原味發揮到淋漓盡致。

義式濃縮咖啡始於混合各種不同的豆子並且萃取。因此，它能夠呈現無法從單一豆子中引出來的，複雜又有厚度的味道，還要用低廉的價格引出高品質的味道。

在義大利地方，現在站著喝的咖啡每杯約1歐元，相當於2008年的160元日幣。我認為義式濃縮咖啡，始於不管用的是貴的豆子還是便宜的豆子，以合理的價格飲用美味的咖啡。如果只用好的豆子，很難用這樣的價格供應。

在追求美味咖啡的過程中，確實會在素材上遇到瓶頸。咖啡豆的品質對義式濃縮咖啡很重要。但是，我希望各位明白，咖啡豆的品質並不是一切。好豆子煮出好味道，這是理所當然的。然而，太珍貴的豆子又會花費大筆金錢，1杯咖啡的價格也會跟著上漲。因此無法達到咖啡吧的標準。雖然端出美味的咖啡是咖啡吧台師傅的工作之一，既然是餐飲店，就必須再加上「咖啡吧或咖啡廳等級的」條件。

並不是對目前所供應的義式濃縮咖啡的味道感到滿足，也不要抱著什麼不滿，請各位經常去思考，要怎麼做才能用這個豆子，泡出更美味的咖啡。

花式咖啡必須在發揮咖啡的味道上，與顧客的願望取得平衡

等到能夠端出高品質的咖啡之後，再進入下一個階段，開始調製花式咖啡。構思花式咖啡的時候，我認為最好不要調配出不加咖啡反而比較好喝的飲料。如果不加咖啡反而比加入咖啡還要好喝，那就不用特別使用咖啡了。即使調配出這樣的配方，也只會損及店舖的名聲罷了。請各位構想更能夠顯露咖啡本質的花式配方。例如在國際咖啡吧台師傅大賽等場合，杯子有逐年縮小的傾向。我認為這也是為了表現出以義式濃縮咖啡的風味做為前提。

然而到店裡來的顧客們，幾乎都不是什麼咖啡專家。因此在構想花式咖啡的時候，請不要自己一個人決定口味，這一點也很重要。最好能夠聽取身邊的人，或是不怎麼喜歡咖啡，平常幾乎都不喝咖啡的人的意見。這是因為飲用花式咖啡的人，基本上大部分都是平常不喝咖啡的人。如果喜歡咖啡的話，應該會喝義式濃縮咖啡或咖啡。由於這個緣故，我們也必須思考不常喝咖啡的人喜歡的味道，並且取得平衡。

不要只累積咖啡吧台師傅工作的經驗，對周邊的工作也要積極參與

在我的店裡，即使是想成為咖啡吧台師傅的人，也要從廚房開始。等到了解廚房的工作之後，才開始到吧台裡工作，等到完成之後才能開始接待客人的工作。我認為一個不懂廚房工作的咖啡吧台師傅，無法做出指示，不清楚整個店面的事務，就無法負責接待客人。

然而我聽說現在有很多年輕人，只要不是自己想要的工作，就會立刻辭職。這麼做並不會增廣自己的見聞。首先，將目標放在成為自己被賦予的工作的高手，這一個姿勢是很重要的。接下來如果獲得信任，認為你是「必須的人材」，之後就能從事你想要的工作了。

只體驗自己想要的工作，工作的範圍將會變窄，而且在各種情境下的選擇項目也十分有限。舉例來說，如果只經驗過咖啡的事情，當客人詢問料理的時候，就無法回答。希望大家明白，了解咖啡這件事，其實非常的有限。

此外，在我的店裡，思考在指導的前面。例如卡布奇諾，先請年輕人製作，接下來我再做給他看，我只會說「想一下有哪裡不一樣」。

不管是什麼事情，都靠自己思考，才會成為自己的知識。認為工作就是工作，而不是流程，這一點很重要。萃取義式濃縮咖啡時，如果只用不變的流程，也可以用性能很好的全自動機器取代。為什麼不用機械，而是請咖啡吧台師傅這個人類特別沖泡呢？這裡一定有它的價值。如何提高這個價值，就必須用自己的大腦思考，不然不會成為你的知識。

◆ ◆ ◆

個人檔案

從頂尖的業務，進入廚房機器公司後，深受咖啡吧台師傅的魅力吸引，因此投身於這個行業。在義大利艾米利亞羅馬涅地方的咖啡吧研習後，於2002年創立『Lo SPAZIO』。目前在各地都有講座，多方面活躍中。致力於提攜後進，培育出許多實力堅強的咖啡吧台師傅。

在技術之外，學會款待客人，抓住顧客的心

丸山珈琲
丸山 健太郎

了解目前逐漸展現寬度的精品咖啡現況

目前在日本使用的咖啡豆之中，精品咖啡的知名度已經逐年增廣，在進口時處於競爭非常激烈的狀態。對於未來打算經手精品咖啡的人，特別是個人程度者，可說是一個非常嚴苛的狀況。一般來說，進貨都會透過進貨商或現存的中盤商，由於進口精品咖啡的根基還相當脆弱，專門處理精品咖啡的進貨商或中盤商比較少，所以常常沒有自己想要的豆子。此外，在份量方面也是一個問題，輸入生咖啡豆的基本原則是以貨櫃為單位，如果是個人店鋪的銷售，應該非常困難。只是我想幾年後日本的進貨商、中盤商將會逐漸增加精品咖啡的進貨量，所以進貨的選擇也會增加，精品咖啡應該可以更為擴展。

學習杯測，培養用自己的眼睛判斷的能力

由於咖啡在日本逐年增加，對於想要開店的人或是現在正在學習的人來說，先學會杯測的技術是一項共通的條件。市場上有無數種咖啡豆，從日本已經很熟悉的種類，甚至是剛上市不久的豆子。此外，大多數的豆子的"口味"， 在日本依然沒有明確的評價，大概也有豆子無法得到正確的評價吧。如何正確地判斷好與壞，了解豆子的"味道"，用自己的舌頭和知識學習，這一點也很重要。

舉例來說，一旦自己必須訂購咖啡，向進貨商或中盤商訂購時，應該不知道該選哪一種豆子比較好。這種時候容易流於用一般的評價或故事性來判斷。如果自己懂得分辨豆子，應該可以用自己的目光找到更好的咖啡豆。因此，不妨參加SCAJ或SCAA的講座，從中累積經驗吧。杯測的技術與咖啡的形態和工作方式無關，它是研習咖啡，為了給客人端出1杯咖啡，所必須學會的技術。

近年來，有不少人從事烘焙工作，或是在自己的店鋪烘焙，甚至有些人是為了興趣自己烘焙，烘焙

其實並不是一件難事。但是一位專業的人士，在烘焙時首先必須認知「咖啡豆的口味，在經過栽種、收穫、生產處理的生豆送達手上的這個階段，幾乎已經定型了」。因此，杯測也是一個必須的技術。大部份的人認為豆子的口味是在烘焙中形成的，所謂的烘焙高手指的就是這件事，然而豆子的口味早在烘焙之前就幾乎已經成形，烘焙其實是引出豆子原本具備的味道。

咖啡在不同的地區，隨著不同的店面理念或營業方式，都是不同的，當中的差異，卻不能明顯地畫分為鄉下或都市。『丸山珈琲』當初設在長野縣的輕井澤，甚至沒有客人願意走進店裡。客人對於脫下鞋子才能進入店裡感到抗拒，地點也有問題，所以我常常想著如何才能請客人購買店裡的咖啡豆，所以我會免費提供買豆子的客人喝卡布奇諾等等，附加各種服務。

不管是哪一家店，就算處於客人很少的地點或情況，1天一定會有1位或2位客人來訪吧。只要好好重視這些顧客，好評價一定會從這裡慢慢地擴散開來，讓客人還會想要再到店裡來。想要抓住客人，必須學會如何款待這些客人，這是未來最重要的事情。不要迴避市場調查，仔細地調查地段，利用口耳相傳抓住顧客的心，這是經營個人店舖的戰略。在咖啡的世界裡，對這與經營有關的戰略還算落後，所以不要侷限於咖啡的框架，將收訊的天線朝向各種方位，現在這些人被什麼東西吸引？感到什麼魅力呢？

我們必須隨時把握顧客的觀點才行。所以請儘量不要讓自已忙到喘不過氣。只要做好忍耐2~3年的心理準備，將經營店面的2成能量用於學習，準備走向外界，認清準備的期間，也是一個方法。

咖啡吧台師傅大賽與在現場逐日培育息息相關

咖啡吧台師傅大賽本來就是為了將來的年輕人，帶來更寬廣的咖啡世界，基於這個想法才誕生的。藉由越來越熱門、範疇越來越寬廣的大賽，多數人們不停地練習，因此提昇了在每天工作現場的技術。近年來，大賽的冠軍為了更上層樓，發揮自由的創意，將觸角延伸到各種事物上，評價的對象也有了細項化的傾向。這是因為目前顧客所求的就是這個。現代人可以將眼光放到許多不同的世界裡，挑嘴的人也越來越多了。其中甚至有越來越多人，他們的知識和經驗甚至超越咖啡吧台師傅。接待這些顧客成了自然而然的事情，咖啡吧台師傅也累積各種知識，必須站在比一般顧客還高的地方。然而，處於這種狀況下，評價咖啡吧台師傅的最大部分，還是基本作業的正確性與效率性。單就衛生方面來說，製作飲料時，一連串的過程中是否完全沒有多餘的動作，即使是程度相當高的咖啡吧台師傅們彼此競爭，這個部分的評價也會南轅北轍。比試這些基本工夫，與在現場是否能夠進行高品質的工作息息相關。

個人檔案

『丸山珈琲有限公司』代表董事。隸屬於自家烘焙集團「咖啡伙伴學習院」的成員，是在日本供應精品咖啡的第一把交椅。擔任Cup of Excellence等國際評審委員。在2008年的咖啡吧台師傅大賽中，該店有3位晉級決賽，在培育方面不遺餘力。

向高人氣的咖啡教室・咖啡學院學習

咖啡萃取的基本技術

隨著義式濃縮咖啡機的普及，手沖咖啡再次受到大家的矚目。這幾家咖啡學院、咖啡教室有許多打算從事咖啡業者的學生，他們的指導方式得到一致好評，讓我們向他們學習咖啡萃取的基礎與訣竅吧。

虹吸式的技術

UCC上島珈琲（股）公司 UCC咖啡學院負責人 桑木孝雄

虹吸式的特徵、優點

最近在受歡迎的咖啡店裡，經常都能看到虹吸式咖啡的蹤影。不知道是不是因為流行義式濃縮咖啡，所以改用機器的緣故，虹吸式咖啡一度給人已遭廢除的印象，但是因為咖啡吧台師傅細心沖泡的義式濃縮咖啡開始流行，所以人們反而將焦點放在咖啡「逐杯沖泡的美味」，似乎呼應了近年來重新審視虹吸式咖啡的風潮。

虹吸式也稱為「浸漬法」。特徵在於將咖啡浸泡於熱水中，萃取精華成分，所以能夠忠實地呈現豆子的特徵。此外，相對於咖啡豆的份量，熱水份量與萃取時間都是固定的，所以只要使用一樣的豆子，口味方面都不會差太多。

然而，虹吸式和濾布或濾紙滴漏式相較之下，熱水的溫度比較高，如果對萃取中的豆子形成太大的壓力，容易浮現苦味。

優點方面則是價格比較便宜，表現效果也很高。萃取時不用全程站在旁邊，比較不花工夫，所以萃取時也可以一邊進行其他作業。再加上拿著萃取後的下壺，在顧客眼前服務的這一點，也可以說是其他萃取法所沒有的優點。

萃取時的注意事項

為了呈現穩定的味道，第一個重點就是正確地測量豆子與熱水的份量。尤其是熱水的溫度，最為重要。即使在下壺裡的熱水尚未沸騰，只要超過80℃就會經由上壺流到上方。如此一來，就會造為低溫萃取，無法充分地表現咖啡豆的味道。因此，請務必在虹吸壺的旁邊將熱水煮沸，將沸騰過後的熱水放進下壺，再點火加熱。待熱水經由上壺流到上方後，接下來的重點是第一次攪拌與第二次攪拌的方法。

第一次攪拌是等到上壺裡的熱水往上衝的時候，用攪拌棒混合，使豆子均勻悶煮。如果這次攪拌不完全的話，將會造成萃取不足，精華成分無法完全滲入熱水之中。相反的，如果混合過度，也會形成難喝的味道。訣竅在於從下方往上混合粉末，製作漩渦。巧妙地混合3~4次。

第一次攪拌完畢後，請注意保持上壺由下往上分別為咖啡液體、咖啡豆與液體的混合物、泡沫等3個分明的層次，注意不要過度沸騰。

熄火之後，進行第二次攪拌。這時也要注意別混合過度。萃取是否順利，標準在於上壺裡的咖啡粉末是否形成一座小丘的狀態。殘留在上方的泡沫就是雜質，是異味的來源。

1 豆子的份量通常是每杯10~15g。研磨方式基本上是中~中細研磨。

2 當下壺內的熱水溫度超過80℃之後，熱水會往上流到上壺，造成低溫萃取。所以在安裝時，一定要在下壺裝入沸騰過的熱水。

3 將過濾器放在上壺裡，再倒入豆子。請遵守豆子的份量。

4 待下壺內的熱水沸騰後，插入上壺。

5 由於熱水處於沸騰的狀態，所以高溫的熱水馬上就會衝到上壺裡。然而這時的豆子只是浮在熱水表面。在這種狀態下會造成萃取不完全。

以按壓粉末的方式

6 使用攪拌棒，以按壓粉末，直向捲起漩渦的方式攪拌。

保持層次分明的三層

7 將火勢轉弱，萃取精華部分。時間在1分鐘以內。上壺內保持3層。

不要混合過度

用手遮住，防止飛濺

8 熄火，進行第二次攪拌。只要整體均勻即可。注意不要過度混合。用手遮掩壺口，小心不要讓液體濺到客人身上。

9 下壺裡的壓力降低，咖啡靜靜地由上壺往下降。

標準是美麗的小山形狀

10 過濾器上留下小山狀的粉末，是順利萃取的標準。

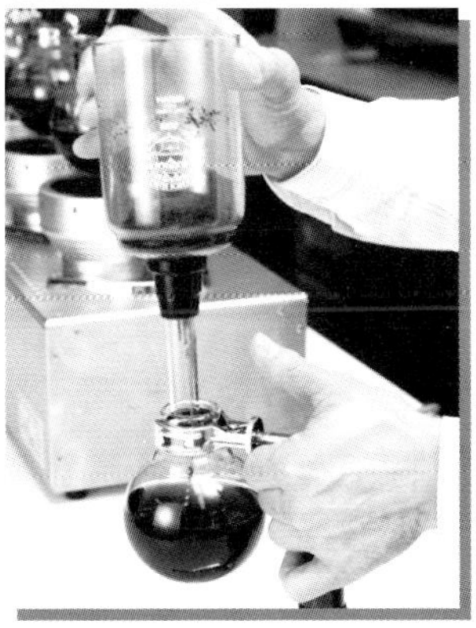

11 靜靜以縱方向搖動上壺，將上壺抽出來。如果勉強以橫向搖動，下壺恐怕會離開金屬零件部分而滑落，請特別注意。

12 倒到杯子裡。在顧客的面前倒飲料，也是虹吸壺的魅力。

UCC咖啡學院

兵庫縣神戶市中央區港島中町6-6-2
TEL 078-302-8288
http://www.ucc.co.jp/

該學院包含體驗課程、基礎課程到專業級課種。2008年4月起，也有為高級者準備的專家課程。

濾泡式的技術

（一氣呵成沖泡法）

現代咖啡專門學院　三浦 研

濾泡式的特徵、優點

使用方便，是濾泡式一項優點。和法蘭絨濾網相比，濾紙的管理較為方便，即使是初學者也可以安心使用。此外，像是濾杯、咖啡壺、手沖壺等等，所需的器具類都是很簡單就能取得的東西，不管使用哪一家公司的產品，幾乎都不用擔心失敗的問題。

濾泡式和法蘭絨濾網相同，都是一種初期投資比較少的萃取法，和法蘭絨濾網相比，可以更簡便地沖泡出美味的咖啡，對於開店者來說，可以說是最有利的萃取法了。

然而值得注意的重點是濾泡式萃取法早已深入一般家庭之中，所以必須提高它的附加價值，讓它比家裡泡的咖啡更有魅力。有一些人早就習慣在家裡喝濾泡式咖啡，如果他們認為沒有必要花錢去品嚐這杯咖啡的話，就不會特地到店裡了。

舉例來說，像是咖啡豆的新鮮度。在家裡無法永遠使用新鮮的豆子。因此，只要注意豆子的新鮮度、烘焙方法以及烘焙後的期間、保存狀態等事項，積極地向客人宣傳這幾個事項，自然會帶來附加價值。

自行烘焙雖然需要投入技術與初期投資，但是它也是一種附加價值。此外，萃取方式也一樣，像我們所做的「一氣呵成沖泡法」，這些家裡沒有辦法達成的技術與味道，是店裡相當大的附加價值。

至於咖啡的口味方面，只要花一點工夫就能簡單地改變，也算是濾泡式的特徵。例如想要花費較長的時間萃取的話，不要使用三孔的濾杯，改用單孔濾杯，就可以延長熱水停留的時間。

此外，沖泡咖啡的時候，手持手沖壺的姿勢，對顧客來說也算是一種表演。將熱水注入濾杯的瞬間，散發出來的芳醇香氣和裊裊升起的蒸氣，都是展現美味的配角。如果想要進一步提高附加價值的話，請不要集中在咖啡的口味上，必須將觀點放在整體方面，例如杯子、裝潢或接待顧客等等。

萃取時的注意事項

關於咖啡豆方面，濾泡式並沒有什麼特別適合或不適合的豆子。只要理解萃取原理的話，不管使用哪一種咖啡豆，應該都可以沖出美味的咖啡。

一般來說，烘焙共分成8種程度，「現代珈琲專門學院」用的是比較深一點的中度烘焙，也就是所謂的城市烘焙（City Roast）。為了配合炭火烘焙的稍焦香氣，味道也比較強烈香醇，而且是一種容易入喉的味道。此外，烘焙後的咖啡豆，會在2星期以內使用完畢。

濾泡式的基本注意事項，首先是將熱水注入咖啡豆的時候，請不要直接將熱水倒在濾紙上。這麼做的話，熱水將會沿著濾杯的邊緣流走，並不會經過豆子，所以咖啡的味道會比較淡。這是基礎中的基礎，但是以家庭式咖啡的概念沖泡的人，大部分都會在這裡出錯。

此外，沖泡時還要注意熱水的溫度。雖然溫度依萃取法而異，大致上還是有一個標準，想要縮短萃取時間的人，請用剛煮沸的熱水（95℃），想要延長萃取時間的人，請用溫度稍微低一點的熱水（每家店都不盡相同，例如86℃）萃取。

基本說明如下列所述，我們要介紹的是「現代珈琲專門學院」獨創的萃取法----「一氣呵成沖泡法」。沖泡一杯咖啡時，使用大量粗研磨咖啡豆，除去“悶煮”的工程，一口氣倒進熱水萃取的方法。

一般來說，每杯濾泡式咖啡大約使用10g左右的咖啡粉，「一氣呵成沖泡法」則用了一倍以上，多達25g的粉末。這是為了刪去一開始先倒入少許熱水後等待，也就是“悶煮”的作業。

進行“悶煮”，延長萃取時間時，雖然可以萃取較多咖啡裡的成分，相反的，也會同時萃取出美味和雜味。為了解決這個問題，所以創造出「一氣呵成沖泡法」，萃取出咖啡原有的美味，同時盡可能不要沖出雜味。

使用較多的咖啡豆，是因為不進行“悶煮”的工程，可以減少雜味的萃取，但是同時水分浸透到豆子裡的速度也會減緩，濃度和香氣比較容易減弱。這時大膽地將豆子的份量增加到25g，再配合粗研磨，增加咖啡的風味。

重視豆子原本的價值，追求美好的風味，這麼奢侈的沖泡法，可說是「一氣呵成沖泡法」的原貌。這是其他地方沒有的萃取法，還有呈現優雅奢侈的風味，才能泡出即使單價高，依然能得到顧客認同的咖啡。可說正是一杯可以稱之為「嗜好品」的咖啡。

1 準備陶製濾杯、咖啡壺、手沖壺。一杯使用25g，咖啡豆的用量比較多。

2 將粗研磨的豆子放進濾杯裡，用剛煮沸的熱水，以小量的水柱從中央開始注入。

3 粉末將會慢慢膨脹。熱水請不要直接碰到濾紙。

4 不進行"悶煮"，保持穩定的熱水量，慢慢地注入熱水。

5 途中請不要暫停，持續緩慢地注入。用從中心往外畫圈的方式注入熱水，直到倒滿濾杯為止。這個過程約30秒。

6 水位最滿的時候，看起來會鼓起有如杯子蛋糕的形狀，大小不一的泡沫聚集在中央。

7 待熱水尚未完全滴落完畢時，移開濾杯，完成了。

現代珈琲專門學院

現代珈琲專門學院
東京都豐島區東池袋1-7-2 東駒大樓地下1樓
TEL/FAX 03-3986-1515

針對開店者開設咖啡科與經營科。上課時間為10時~17時，只要接受13天課程，就能完成全部課程。包含待客禮儀等實際技術演習。

法蘭絨濾網沖泡的技術

Caf's Kitchen 學園長・佐奈榮學園（股）公司代表取締役社長 富田佐奈榮

法蘭絨濾網沖泡的特徵、優點

法蘭絨濾網沖泡的萃取法所用的道具既便宜又方便。因此，個人咖啡店也很容易引用，這是它的一大特徵。

最近有越來越多人關注法蘭絨濾網沖泡。在「Caf's Kitchen」開設的教室裡，不管是哪一個年齡層，對法蘭絨濾網沖泡這種萃取方法都很感興趣。這是由於想要展現咖啡獨特性的店舖增加了。我想這是因為想要藉由深入學習咖啡，供應美味的咖啡，以表現與其他店舖的差異。

在濾泡式這種萃取方法中，分為法蘭絨濾網和濾紙，相對於在家裡即可使用濾紙，我想會在家裡使用法蘭絨濾網的人，就算有的話也極為罕見。因為法蘭絨濾網的難度比較高，可以輕易引用，又給人美味的印象，可以說是法蘭絨濾網沖泡的特徵。然而，想要沖出真正美味的咖啡，還是需要知識與技術。即便是「Caf's Kitchen」，進行法蘭絨濾網沖泡的課程之前，我們還是會讓學員認識濾紙的理論，以及虹吸式的理論。

法蘭絨濾網在味道方面的最大特徵，就是深度、厚度還有不平板的口味。對於咖啡的愛好者來說，這是一種難以抵抗的魅力。和其他的萃取法相比，這種方法也比較容易沖泡出自己獨特的口味，這也是它的特徵。然而，除了具備某種程度的咖啡知識、經驗與技術之外，管理法蘭絨濾網並不是一件簡單的事情。如果本身也很喜歡咖啡的話，這倒是一種值得推薦的萃取法。

萃取時的注意事項

至於萃取法方面，目前有許多咖啡專門店都以各種不同的萃取風格自豪，從這一點可見，法蘭絨濾網沖泡是可以窮究獨特萃取技術的方法。這裡要介紹的是最普遍的方法。

基本上，剛開始慢慢地從中心往外畫圓，畫1圈之後，稍微留一點悶煮時間，接下來的速度比第一次稍快，熱水流量增加（水柱較粗），以從中心往外畫圓的方式萃取。

注意事項是絕對不要將熱水倒在法蘭絨濾網上。法蘭絨濾網不像濾紙沖泡的方法，並沒有濾杯，所以倒在邊緣的熱水完全不會經過咖啡，就落在杯子裡，造成味道變淡。

此外，萃取用的法蘭絨濾網將會直接影響咖啡的風味。因此，必須注意法蘭絨濾網的管理。

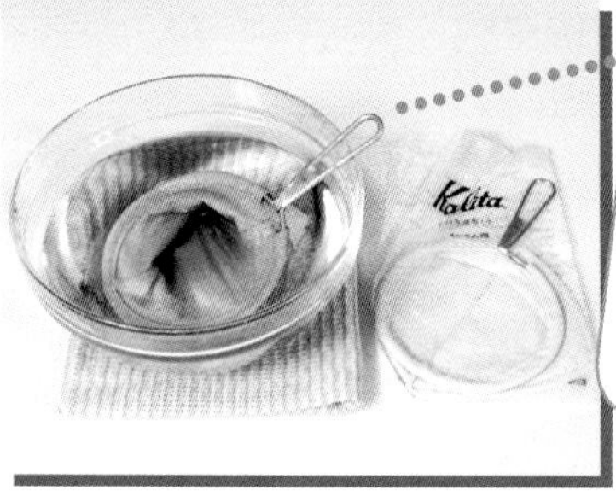

1 為了消除新法蘭絨濾網的布臭味，請在鍋子裡加入咖啡粉，一起煮過之後再使用。

2 使用後將咖啡倒出來，以清水沖洗、浸泡。用力擰乾之後再使用。

3 可以對應各種烘焙的豆子，最適合深度烘焙。

4 用粗研磨的豆子。或是粗一點的中研磨。1人份約用13g。

5 將粉末倒進法蘭絨濾網，靜靜地從中央注入熱水。熱水溫度約92～96℃。

6 用細的熱水柱，從中央往外側慢慢地以畫圓的方式注入熱水。這時請注意不要將熱水倒在法蘭絨濾網上。畫一圈回到原點，結束第一次倒水。

7 等到粉末鼓起的表面氣泡破裂後，「悶煮」完成。進行第二次倒水。

8 第二次的熱水量比第一次稍多，倒水的速度加快。和第一次相同，中央往外側慢慢地以畫圓的方式注入熱水，畫一圈回到原點後結束。

9 操作時，固定手腕，以手肘移動，不要碰到法蘭絨濾網與咖啡壺。

10 第二次倒水結束後，觀察萃取情況，第三次倒水是微調萃取的份量。作業本身和第二次相同，速度再快一點。

11 等到萃取至所需的份量後，移開法蘭絨濾網。如果待法蘭絨濾網內的份量全部流出，將會形成雜味。

12 倒到溫熱的咖啡杯裡，大約是65℃。這正是適合飲用的溫度。

Caf's Kitchen

東京都目黑區上目黑1-18-6佐奈榮學園大樓
TEL 0120-66-0378
http://www.sanaegakuen.co.jp

從咖啡萃取、蛋糕與餐點講座，到經營知識等等，可以在這裡學到開咖啡店所需的各種知識與實務。有許多校友開了知名的咖啡店。

採訪店介紹

西元2008年4月資料

BARISSIMO 有樂町 ITOCIA 店

DOUTOR咖啡（股）公司開設的義式咖啡吧。17時30分前為自助式的咖啡廳，晚上則是咖啡＆酒吧的時間，由服務人員全程服務，並供應酒精飲料或下酒菜。

■地址／東京都千代田區有樂町2-7-1 ITOCIA PLAZA 1F
TEL 03（3211）3325
■營業時間／星期一～星期五7時30分～23時（星期六、日為8時～22時）
公休日／無休

六本木 Bar del Sole 本店

知名咖啡吧台師傅---橫山千尋開設的知名咖啡吧。受到在六本木界限地區購物的顧客以及上班族歡迎。道地風格的義式咖啡和冰沙頗受好評，正統義式料理也有很高的人氣。

■地址／東京都港區六本木6-8-14 Patata六本木1F
TEL 03（340）3521
■營業時間／星期一～星期四11時～24時（星期五、六到次日2時，星期天、例假日到23時）
公休日／無休

Dolce far niente

最愛義式濃縮咖啡和義大利的店長，於2004年開設的義式咖啡吧。正如店名的Dolce（甜點），自製甜點也有不錯的評價。

■地址／神奈川縣鎌倉市雪ノ下1-5-34 2F
TEL 0467（22）5205
■營業時間／11時～22時
公休日／星期一（例假日則順延至隔日）

BAR DEL CIELO

店長在義大利深深感到咖啡吧的魅力，於是在2005年開店，以成為當地的咖啡吧為目標。1樓是站立式吧台區，2樓是座位區，不管是午餐還是夜晚小酌，都很方便的店面。

■地址／神奈川縣橫濱市港北區大豆戶町2 榮龍大樓1 F
TEL 045（548）7177
■營業時間／星期二～星期五11時30分～15時（14時30分最後點餐），17時～24時（用餐23時最後點餐，飲料23時30分最後點餐）（星期六、日為11時30分～24時，用餐23時最後點餐，飲料23時30分最後點餐）
公休日／星期一

espressamente illy 八重洲櫻花通店

冠上世界聞名的義大利illy公司名號的店舖。追求道地風味，聚集了許多只愛義大利咖啡或illy的愛好者。客層包含喝咖啡與用餐，相當廣闊。

■地址／東京都中央區八重洲1-5-17 八重洲香川bld 1F
TEL 03（5225）6711
■營業時間／7時～23時
公休日／無休

ENOTECA BAR Primoordine

販售南義大利口味的義式濃縮咖啡的義式咖啡吧。位於大學與住宅區之中，推廣在站立式吧台區飲用的風格，吸引外國人及廣大的客層。

■地址／東京都目黑區東が丘2-11-20 駒澤Terrace 1F
TEL 03（3410）8810
■營業時間／星期一～星期六9時～次日2時（星期日至23時）
公休日／無休

合羽橋咖啡

於2004年開幕，是　家可以享受正統手沖滴漏式咖啡的店舖。有多款可以品味咖啡原本風味的飲品。時尚的裝潢也深具魅力。

■地址／東京都台東區西淺草3-25-11
TEL 03（5828）0308
■營業時間／星期二～星期五8時～21時（20時30分最後點餐），星期六～星期一（假日為8時～20，19時30分最後點餐）
公休日／無休

GREENS Coffee Roaste

2005年開幕於神戶元町的JR高架下商店街，是自家烘焙的咖啡廳。供應2種咖啡，包含從父親時代流下來的虹吸式咖啡，以及用LA MARZOCCO萃取的義式濃縮咖啡。

■地址／兵庫縣神戶市中央區元町高架通3-167
TEL 078（332）3115
■營業時間／11時～19時
公休日／星期二

“LIFE” AND “SLOWFOOD” ITALIAN RESTAURANT LIFE

義大利佛羅倫斯料理餐廳。以慢食為概念，吸引當地民眾或附近的上班族、粉領族。花式卡布奇諾也是人氣商品。

■地址／東京都澀谷區富ヶ谷1-9-19 1F
TEL 03（3467）3479
■營業時間／11時45分～14時30分，17時45分～23時（星期六、日為12時～14時45分，17時45分～22時30分）
公休日／無休

八百咖啡店

店裡供應虹吸式沖泡的咖啡。使用來自4位烘焙者的嚴選咖啡豆，位於住宅區與辨公大樓林立之處，吸引許多附近的顧客。

■地址／東京都文京區本駒込2-10-5
TEL 03（3943）6884
■營業時間／11時～19時
公休日／星期一、星期二

Lo SPAZIO

靈感來自北義大利街角的咖啡吧，於2002年開幕。店裡可以享用濃厚的義式濃縮咖啡，以及料理或各式酒類。每個月也會開設一次咖啡吧台師傅培訓課程。

■地址／東京都目黑區鷹番3-3-5 Harden大樓1F
TEL 03（5722）6799
■營業時間／11時～次日2時
公休日／星期二（例假日照常營業）

丸山珈琲

販售自家烘焙咖啡豆的店舖。賣點在於精品咖啡，只要購買咖啡豆就免費供應卡布奇諾等等，服務非常受到顧客的喜愛。客群包含附近居民甚至是外地的顧客。

■地址／長野縣北佐久郡輕井澤1154-10
TEL 0267（42）7655
■營業時間／10時～18時
公休日／星期二

Trattoria-Pizzeria-Bar Salvatore

從早上就可以在店裡，愉快地享用由咖啡吧台師傅製作的道地義式濃縮咖啡與帕尼尼等等輕食。2樓是供應拿坡里風格匹薩的Trattoria Pizzeria。

■地址／東京都目黑區上目黑1-22-4
TEL 03（3719）3680
■營業時間／8時～23時（咖啡吧從17時開始。Trattoria Pizzeria為11時30分～14時30分最後點餐，18時～22時最後點餐）
公休日／無休

AUX BACCHANALES GINZA

秉持著「將法國普羅大眾的飲食文化傳到日本」的概念，是一家結合咖啡店、餐廳、麵包糕餅店的風格咖啡廳。店裡的氣氛可以讓人感受到道地的巴黎精神。

■地址／東京都中央區銀座6-3-2 Gallerycenter大樓1F
TEL 03（3569）0202
■營業時間／星期天～星期四、例假日9時～23時（星期五、六到23時30分）
公休日／無休

Sol Levante

義大利甜點店舖。依季節或節日推出獨家甜點，以女性顧客為中心，相當受歡迎。也可以在站立式吧台享用義式濃縮咖啡。

■地址／東京都港區北青山3-10-14
TEL 03（5464）1155
■營業時間／星期日～星期四11時～20時（19時最後點餐。星期五、六至23時，22最後點餐）
公休日／星期三

Reels 西洋釣具珈琲店

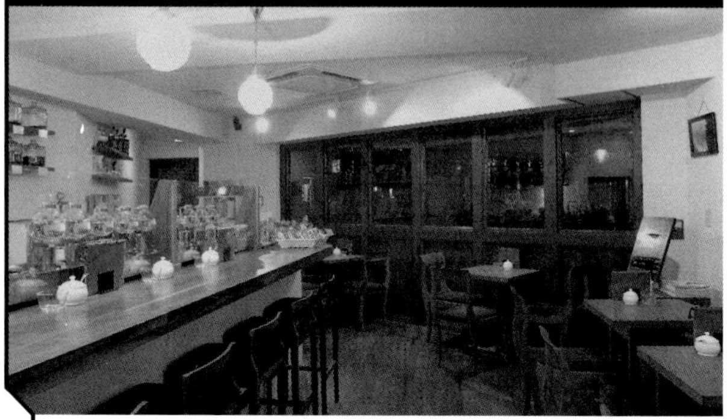

販售虹吸式咖啡、也供應法蘭絨濾網沖泡、冰滴咖啡，是自家烘焙的店舖。聚集了附近的顧客，也有許多常客。店裡也販售各種咖啡豆與器具。

■地址／東京都豐島區雜司が谷2-8-6
TEL 03（6913）6111
■營業時間／11時～19時，星期日、假日11時～18時
公休日／星期一

杉山台工房

店長曾在仙台名店「AS TIME」修習，對咖啡抱著非凡的堅持，他開設的也是一家正統派的咖啡專賣店。在這裡可以喝到每日替換的3種綜合咖啡與義式濃縮咖啡。

■地址／神奈川縣鎌倉市1-2-19
TEL 0467（25）3917
■營業時間／7時～13時，15時～19時
公休日／星期三

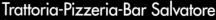